生命科学实验指南系列

生命科学实验设计指南

Experimental Design for Biologists

〔美〕D. J. 格拉斯 著
丛羽生等 译

科学出版社
北京

图字：01-2007-4869号

内 容 简 介

随着人类和其他物种基因组的破译，生物信息科学的发展，生命科学已成为21世纪最为活跃、发展最为迅速的先导性学科之一。国内各高校十分重视生命科学的发展，相继设立了本科生创新科研项目以及研究策略和实验设计方面的课程。研究生培养也以科学研究水平为标准。本书作者基于多年教学科研经验以及与著名专家学者交流的基础，对生物学研究策略和实验设计进行深入细致的解析。

本书可作为生命科学专业高年级本科生和研究生的教材和参考资料。

图书在版编目（CIP）数据

生命科学实验设计指南 /（美）格拉斯（Glass，D. J.）著. 丛羽生等译.
—北京：科学出版社，2008.5
（生命科学实验指南系列）

ISBN 978-7-03-021341-9

Ⅰ.生… Ⅱ.①格… ②丛… Ⅲ.生命科学-实验-指南 Ⅳ.①Q1-0
中国版本图书馆CIP数据核字（2008）第031866号

责任编辑：夏 梁 席 慧 / 责任校对：包志虹
责任印制：赵 博 / 封面设计：耕者设计工作室

科学出版社出版
北京东黄城根北街16号
邮政编码：100717
http://www.sciencep.com
天津市新科印刷有限公司印刷
科学出版社发行 各地新华书店经销
*
2008年5月第 一 版 开本：B5（720×1000）
2008年5月第一次印刷 印张：11 1/4
2025年1月第五次印刷 字数：213 000

定价：68.00元

（如有印装质量问题，我社负责调换）

参加翻译人员

丛羽生　王　苗　马潇潇
李娟娟　吕赫哲　周丽丽
白　琳　郑丹华　杨　坤

致我的侄女们：

Molly Jane 和 **Madeline Rose**

她们为未来能够有更多发现提供了希望；

并怀着感激之情致我的老师们：

Charles Cantor、**Lex van de Ploeg**、**Arg Efstratiadis**、

Steve Goff 和 **George Yancopoulos**

前　　言

这本书是我在生物制药公司 Regeneron Pharmaceuticals 开设一门关于实验设计的短期课程时的产物。我要对在课程中给予我回应的所有人表示感谢。像很多想法一样，将这门课写成一本书的想法最初来自于一番酒后之言——当时我正在和科学家同事 Dan Finley，Fred Goldberg 和 Allan Weissman 讨论实验设计并没有在研究生院里被广泛教授给未来的科学家这一事实，并且批判理性主义和科学实践之间有着巨大的差距。

当然，如果没有出版商想出版的话，这本书还是不能够问世。因此，我非常感激冷泉港实验室出版社的 David Crotty。在 Ginger Peschke 和 Maria Smit 的帮助下，非常能干的 Siân Curtis 将手稿编辑出来。Jan Argentine 和她出版社的同事审查了稿件。特别感谢 Siân 和 Jan 自始至终的反馈和热情。也同样非常感谢 Rene Steuer 专业的产品介绍，Susan Schaefer 的排版，以及 Denise Weiss 专业的设计。

在编写本书的过程中，Kumar Dharmarajan 给了我很大的帮助。Kumar 是我实验室曾经的学生和实习生，并在本书完成大半的时候成为了哥伦比亚大学的一名医科学生。因此他扮演了“未来的读者”的角色，并为每一章都提出了宝贵的意见，找出表述不明的地方，并帮助改写。非常感谢他为此做出的贡献和献出的宝贵时间。我实验室的 Brian Clarke 也阅读了大量手稿，筛选出了许多需要明确的章节。

Woody Fu——我以前的学生——现在承担了许多工作，包括卡通制作。他为本书绘制的三幅漫画如此之好，以至于我们为无法进一步发挥他的才能而感到遗憾。

还要感谢诺华公司的全体成员对我这一工作的支持。诺华公司对于继续教育非常重视。发现本书激起了公司的热情是一件非常快乐的事情。特别的感谢还要献给统计学家 Leah Martell 和 Mathis Thoma，他们仔细审查了书中的数据以避免统计学上的误述。如果书中仍存在问题，那都是我一个人的错。听到读者的反馈我将非常高兴，你们提出的意见和问题将在再版时进行改正。我的电子邮箱是：cxpdcsignbiology@gmail. com，请随时与我联系。

DAVID J. GLASS

前　言

目　录

1 确定实验项目

在医学院校中，学校要教授学生基础的医学技术：如何进行身体检查，如何解释症状，还有如何进行不同的诊断等。在法律学校中，最基础的专业知识是在实习的法院中获得的，学生学习如何撰写摘要，如何依照法律程序进行准备，律师如何在各种情况下保持自己的职业道德，还有如何以一名职业律师的思维方式进行思考。

在本书的写作过程中，作者发现一个可笑的事实：虽然良好的实验设计、规范的实验操作，以及严谨的表达能力是成为成功科学家的必要条件，但是在美国的大学中，这些即将获得博士学位的高才生却几乎不能进行正式的实验设计。一项对博士课程的调查显示：几乎在所有的大学，生物学、生物化学，以及相关的博士生所修课程都是在讲述目前已经被证明的科学知识，却没有强调如何应用正式的实验方法来解决未知的问题，如何通过已有的现象总结出新的理论和如何保持正确怀疑的世界观认知论①。目前美国已经有少数人意识到这种教育缺陷，并通过统计学进行分析，但是如果进行大规模的教育改革，还需要更为科学的规范。这些统计数据可以在很大程度上促使人们发现实验设计的重要性。而如果学生具备较为开阔的实验思路，一定的实验设计能力，最为受益的将是博士生自己和他的导师。

对于一个见习科学工作者来说，一种正式的程序性教育能否可有可无呢（毕竟作为科学工作者，实验数据比哲学理论更有说服力）？是不是有什么现象值得我们关注从而进行实验呢？是不是千百年来建立起来的科学的哲学思想最终都要升华到现代的科学实验呢？这些问题的答案是否定的。本书的主旨在于提醒科学家：以上问题能够影响实验的选择和对结果的理解。因此，科学的实验方法学可以引导科学家发现更为有用的成果。

在通往科学成功的道路上，必然会遇到挫折，而思想哲学能够帮助科学家分析成功与失败。在正规教育中，许多科学家刻意避开科学与哲学“紧密结合”的理念，主张100%的自然科学，因为他们认为所有的自然现象都可以通过实验结果进行诠释。而作为实验数据，最重要的就是其自身的准确性，不能因为自己的思想而篡改实验数据。在实验中，我们还会遇到与预期结果不符的数据，而其实

---

① 认知论是研究科学的科学，它通过各种参考资料来研究某种科学的局限性与有效性。科学的认知论是本书的基石，它对科学工作者具有特殊的重要意义。

这些数据同样是重要结果，科学家有可能通过这些数据的分析得到相关联的意外发现。因此，作为实验者来说，必须建立严谨的科学态度，在实验过程中必须慎用自身的假设，以免曲解实验结果。

图1 卡尔·波普尔。

让我们回到建立良好的科学观念的问题上来。不到 100 年前，哲学家卡尔·波普尔（图 1）首次提出了实验假说的概念。“理性批判”是波普尔的主要思想，他指出如果要证明一个理论的正确将非常困难，而相对地，如果要证明一个理论错误就要容易得多。因此他提倡实验的设计应该从假设出发。而实验假说更可以帮助学者从问题以及经验中归纳推理出新的理论。与此同时，波普尔以及其他哲学家（例如伊曼努尔·康德，大卫·休谟和伯特兰·罗素）认为个人经验总是有限的，因此如果通过有限的个人经验来制定规则或者得出结论将导致错误。而且通过休谟的归纳推理，一个适应于过去的经验，在未来很可能是有瑕疵的。因此，与其说经过多元的分析与讨论去证明某一概念的正确性，不如从反面出发去证明另一概念的错误。在这种反证法中，只要能找到一个反例，就足以推翻原来的概念（这几句话概括了好几卷、数百页的波普尔的著作。这种思想将在本书的多个章节反复重申，而本书的要义就在于帮助学生快速转变为科学工作者，为他们指明做好实验的必要条件。而本书哲学方面的内容将仅限于较浅的层次，只会指出必需的哲学观点，以帮助科学家培养自己的兴趣以及为其思维方式的形成提供参考）。①

波普尔的理论目前已经渗透到了科研的每个理论，美国国家卫生研究院现在推荐，每一份基金的申请都从一个可行的假说出发。不过有趣的是，国家卫生研究院并不反对逆向的思维，即使与波普尔的理论相悖，期望直接证明一个假说的正确性也是被允许的②。波普尔的理论作为单一的哲学思想是极其成功的，但这是否意味着假说是进行科学研究的唯一起点呢？答案是否定的。波普尔理论的实

---

① 如果你只需要单一的参考资料，那么试一下《科学发现中的逻辑》（*The logic of scientific discovery*）。作者：波普尔，2002 年于纽约 Routledge。

② “许多由美国国家卫生研究院资助的研究项目是基于申请者所提出的重要假说，而不是先进的研究技术。设想以你的假说作为你课题的结构基础，并由此变成申请项目的基础。一般来讲申请是要提出问题，然后去证明这个假说的正确或者错误，而并不是指出查找问题的方法或是简单的数据罗列。”（下载于美国国家卫生研究院基金申请要求网页）[http://www.niaid.nih.gov/ncn/grants/plan/plan_cl.htm]。

际效果将在本章的后面进行具体讨论，并介绍与此接近的相关理论。

卡尔·波普尔并不是第一位科学哲学家，在科学实验中已经提出了一些候补的办法。大部分历史学家似乎都同意，现在的科学方法是建立在两种不同的思想上，一项由弗朗西斯·培根（图 2）提出，另一项由雷内·迪卡尔（图 3）提出。尽管这些内容超出了本书的范围，但读者应该了解，这两位伟大的科学家提出了现代科学的基石——归纳法和演绎法（这当然是对培根和迪卡尔思想理论的一次严重简化，但是在本书的以后章节中，很多方面都是从他们的论点出发的，而其中的一部分，纠正了波普尔理论中的一些错误）。

图 2　弗朗西斯·培根。

图 3　雷内·迪卡尔。

由此我们可以看出，科学方法并不一定要牢牢地套在某一哲学思想背景下。我们必须把思想从实验室中解放出来，以科学的世界观观察试验的过程。我们能看到什么？什么是发掘未知知识的第一步？让我们把它叫做“实验项目”，就如韦恩的图表一样（图 4）。实验项目包括所有的科学家未知的因子，它是科学家脑中的宇宙，说得更广阔一点，它是科学认知论。

当一个科学家研究某一项特定课题时，这个方面的内容就可以看作实验项目的一个亚集，在这方面，一个实验课题是指进行特殊的实验调查以研究某一特定的问题。很多科学家并没有意识到他们的课题被实地调查以外的东西限制住了，这些东西就好像一个框架。而这些框架就是哲学的思维构成，它用一样的思维去处理每一个课题，处理每一组实验数据（图 5）。因为不同的思维框架就需要不同的实验方法，因而哲学思想的框架冲击了科学方法本身。在第 2 章中，我们将以波普尔的假说理论为基础，对这种思维框架进行进一步讨论。

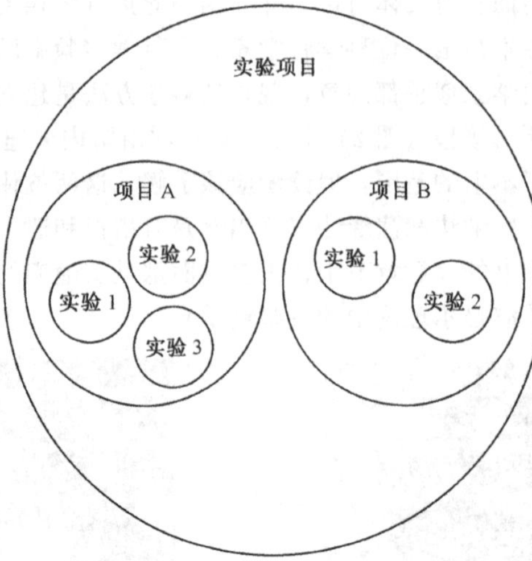

图 4　韦恩图表说明实验项目，它强调科学家必须对未知事物具有准确的预测。它可能涉及学习科学技术、训练、对论题的阅读理解能力并进行实际的实验。在科学家的“计划”中，实验是针对特殊的未知事物去回答一系列特殊的问题。实验既可以回答问题也可以验证假说的真伪（图中，项目 A 包括实验 1、实验 2 和实验 3，项目 B 包括实验 1 和实验 2）。

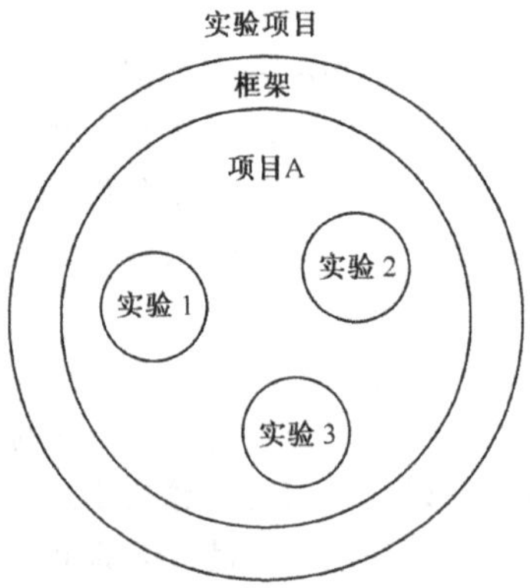

图 5　韦恩图表说明实验框架包含于实验项目之内。科学家的“计划”以假说或者问题为框架。实验的框架对于检测科学家计划成功与否以及把独立的实验结果统一起来具有重要意义。

2 假说是科学研究课题的框架

——批判性理性思维是关键吗？

在详细讨论将假说（与之对应的是批判性理性思维）作为实验的框架之前，必须意识到实践型科学家除了提出假说一般没有别的选择。正如第1章讨论的那样，某些资助机构（以及评论家，甚至某些科学期刊）要求对假说做出清晰明确的解释作为进行实验的理由。但是，在意识到批判性理性思维框架的缺陷以及深入了解与之对应的假说之后，即使仍以范式理论来指导工作，还是希望科学家能够运用适当的理性方式来解决问题。

假说与结论一样具有相同的语法结构

考虑以下假说：天空是红色的。首先，注意该假说的结构，它是一个声明性陈述。因为一般情况下提出假说是为了推翻它，因此假说必须采取能被推翻的声明性陈述形式。比如一个疑问句，就不具有可推翻性，也就不能够作为理性思维的结构框架。如果在实验中假说没有被推翻，那么明显可以得出结论：该假说是正确的。这实际上也正是卡尔·波普尔所指出的一种错误想法。他认为不可能证明某些结论是绝对正确的。实际情况很简单，就是在继续进行实验项目的时候，必须得出一个结论。在这个假说中，结论就是“天空是红色的”。

注意结论的结构与假说的结构是一致的。这就为科学家辨别未经证明的假说（需要通过验证推翻的）以及已验证的结论带来了更大的难度。

实验旨在验证而非推翻假说，因为假说倾向于获得预期的“阳性”结果

某些实验方法已经逐渐成为标准。乍看上去，这些方法似乎很有用。举个例子就是运用已经建立起来的原理作为科学指导去否定一个假说。

如果我们回到“天空是红色的”这个假说，看起来似乎轻松地判断一下是否“红色”就可以验证这个说法正确与否。即使最没有经验的研究员也知道要引入一个阴性对照来判断红色是否存在。因此我们可以检测是否为红色，但是为了证明我们的假说，是否还需要引入其他颜色呢？显然没有必要；在假说里面，没有地方提到需要检测“红色”以及“非红色”以外的任何对象。

我们先来看一下一个证明“天空是红色的”假说的实验设计：首先，科学家建立起一个系统能够精确地检测到红色。一个已知的红色物体作为阳性对照，比如一朵红玫瑰。另一个已知的非红色物体作为阴性对照，比如一块绿翡翠。我们用一个“红色检测仪”测量辐射光，将它校准，该检测仪应具有“红色”、“非红色”两个读出器。如果检测到红色，则会出现一个大大的“确定”标志。

准备好实验体系后，科学家将“红色检测仪”朝向天空，让其运行 1 小时。1 小时后，什么现象都没有：“确定”的标志没有出现，因此记录的是一个阴性结果。为了确保“红色”出现的机会，实验的时间设计增加到了 4 小时。因为实验是从中午开始的，因此日落在实验设计时间内不会发生，得到的仍然是一个阴性结果。这样，科学家会认为可能是测量仪灵敏度不高，并且一天是有 24 小时的，以 4 小时为周期并不合理。因此，实验进行重复，以 24 小时为周期。经过一整天的测量之后，科学家观察测量仪，发现“确定”的标志出现了（在实验时间内黎明和日落时出现了红光）。由于得到了一个阳性的结果，这个实验可以看作是成功的。

科学家将该实验每天不间断地重复了一个月，这里需要指出的是，除了天气明显阴沉的一天外，每天都能检测到红光。科学家进行统计学分析①，将检测到红色的次数（30 次中出现了 29 次）与非红色的次数（30 次中出现了 0 次，因为天空从来没有出现过翡翠绿的颜色信号）进行对比，发现对红色的检测是具有统计学意义的。因此可以得出天空是红色的结论。

你可能会反对以上陈述，认为那是一个精心编撰的攻击对象。但是难道这（至少部分）不是因为你知道天空通常是蓝色的（在白天）或黑色的（在夜间，你不考虑星星、月亮或其他星体发出的光的情况下），所以才意识到过多额外的对照可能会不利于证明天空是红色的？我们有必要对这些额外的对照进行讨论。由于有效的声明性陈述本质上是受限的，因此同时证明了假说的结构框架会使这些对照的存在意义变得模糊。记住，在大多数情况下，科学家都不知道真正的结果，因此真正指导测试的就是假说。虽然在“天空是红色的”这个例子中，科学家很明显应该测量整个光谱中的单色光才能得到更全面的结果，但是对于“NF-κB②通路的激活会引发炎症”的假说，我们就不会那么确定量度的对象了。没有关于 NF-κB 通路的背景知识，即使和“天空是红色的”这个假说在情景设定

① 详尽的统计学讨论超过了本书的范畴。尽管最好的统计分析也无法使一个蹩脚的理论框架显得合理，值得注意的是，如果善加运用，统计学将成为你的朋友，避免你做出不合适的假设推断，让你在实验过程中及时改变各项参数。

② NF-κB 是一个蛋白质的名称。重要的是可能绝大多数本书的读者对于该蛋白质感到陌生：当需要解决的问题是未知的物体时，假说的作用就显得尤为重要，也更具有高度。这里，科学家就缺乏外部的知识去揭示“天空是红色的”假说中存在的问题。还是满足一下大家的好奇，NF-κB 行使转录因子的功能，即它能够诱导一系列的基因转录成为信使 RNA。

上具有相同的问题，我们也无法判断这个假说的正确性。例如，在第二个假说中获取的数据可能存在着极大的变化，这取决于细胞的类型（在肝细胞中 NF-κB 通路的激活会导致炎症，而在骨骼肌中却不会）。然而，这个假说正如所写的那样，不需要用实验表述组织特异性反应或者对于炎症的明确定义。因而，在第一个假说中，科学家将实验时间延长直到出现阳性结果为止，以此类推，在证明“NF-κB 通路的激活会引发炎症”时，科学家会认为有必要寻找一个敏感的系统（即能够产生阳性结果的系统）来进行实验。同样，在第一个假说中，简单的事实就是天空偶尔会是红色的；在第二个假说中，则是 NF-κB 通路似乎能够在多类细胞中诱导炎症的发生。这里需要指出的是对阳性结果的数据或阴性结果的实验设计所强调的是不同的。在第二个假说里面，因为 NF-κB 应答机制是具有细胞以及环境特异性的，一个只能够获得阳性结果（发生炎症）的“筛选体系”会像看着天空只记录下了红色的结果那样提供不完整的实验结果。

关于 NF-κB 假说，第二点需要指出的是：判断阳性结果的标准（即什么是炎症现象）可能会因为得到的阴性结果而改变。例如，假设炎症的标志物[①]有 5 种，然而 NF-κB 只能激活其中 2 种，那么阳性结果只在这两个标志物被激活的时候才存在。对于其他的标志物，这个实验设计是否合理仍然不为人知，并且科学家会觉得只报道阳性结果是合理的。在这种情况下，统计数据需要进行一定的修正，赋予其新的意义。几乎每一个合理的统计学分析都会让实验者进一步定义阳性结果的标准。如果假说会影响结果是阳性的还是阴性的，那么其他 3 个阴性标志物作为研究中的标志的可信度将会受到质疑。

我们必须在此强调一下最后一个观点。如果实验产生了一些阳性及阴性的数据，对于这些结果的不同处理过程实际上会促使科学家重新定义研究的课题。这是一个很严重的瑕疵。

假说针对数据类型建立起一个二元（阳性及阴性）筛选系统

回到“天空是红色的”这个假说，很明显，科学家设计了“红色检测仪”作为数据筛选体系。该检测系统只能够记录到红色以及另外一种颜色，这种颜色只需要具有是非红色这个相关特性就可以。为了避免你认为在实验中以“绿色而非

---

① 在生物学术语中，标志物是一个诊断标准。例如，右下腹部疼痛是阑尾炎的标志。高血清葡萄糖含量是糖尿病的标志。IGF1 蛋白含量的提高标志着生长激素的增加。

但是如果能够在实验前建立起成功的衡量标准（详见第 12 章）也是能够避免的。我们现在讨论一下为什么筛选过程在理性思维框架中极可能发生。

黑色”作为阴性对照已经足够了，还应认识到即使实验中将黑色作为阴性对照，观察的结果“天空是黑色的”也不会被理解成阳性结果。重点是科学家必须建立起一个特殊的阳性数据指标作为红色信号输出标志。在实验中，设置一个适当的筛选体系精确地记录阳性结果是很普遍的。即使整个夜晚都会检测到黑色，但是仪器仍然将黑色作为相对于红色的一个对照。因此，为了利于小概率的阳性结果的显示，大量表示阴性结果的情况（天空是黑色的）在无意中被舍弃了。

现实生活中，可以通过“咖啡因会导致癌症”这个假说确定出一个能够得出阳性结果的筛选体系。首先，应该进行流行病学研究，确定喝咖啡、茶和可乐饮品（所有这些都是含咖啡因的）的人是否比没有摄入咖啡因的人有更大的概率患上某种特定的癌症。假设调查中发现咖啡因引发的癌症一共有 100 种。即使统计学差异仅在一种癌症中存在，比如胰腺癌，那么这种癌症会被认为是阳性结果。而从其余 99 种癌症获取的数据将会被标记为阴性结果。这样科学家可以得出这样的结论：咖啡因导致癌症至少在胰腺癌中是成立的。或者，更确切地说，摄入咖啡因会增加个人患胰腺癌的概率，但是在其他癌症中没有什么影响。顺便提及一下，这是另一个运用完整的统计学知识来解释结果的例子。一个造诣高深的统计学家会知道由这些数据得出的任何结论都是不合适的，因为实验前期只是进行了调查研究，并且没有确定是适合每一种癌症的。不幸的是，在经过这些调查后经常会得出不合适的结论。举例来说，“咖啡因会导致癌症”这个假说的框架在“得到一个具有统计学差异的相关性”和“没有得到该相关性”之间建立起了一个二元阳性/阴性区分系统。在检测的 100 种癌症中仅有一种会得到阳性的结果，这种癌症被凸显出来了，因为标题是咖啡因会增加患胰腺癌的概率，而非咖啡因不能增加患其余 99 种癌症的概率。

咖啡因是不是真的可以增加患胰腺癌的概率，而不会增加其他癌症发生的概率呢？这当然是可能的，也可以从上述研究中得出结论。但是，科学家必须进行重复实验加以确定后才能够得出这样一个结论。如果第二次研究仍然在理性思维框架指导下进行，那么假说就应该改成“咖啡因会导致胰腺癌”。在第一个实验里，发现对 100 种癌症的大量调查研究中，胰腺癌的数据具有统计学意义。虽然要避免详细的阐述，但是少量的统计分析在这里还是很有用的：如果第一个研究中获取了合适的统计数据[①]结果显示概率（p 值）为 0.05（0.05 是常用的表示具有显著性差异的阈值），那么也有 5% 的随机可能情况证明该差异不是显著的。因此，在对 100 种癌症的研究过程中，随机出现有一种癌症具有阳性的结果也是不足为奇的；实际上，在 100 种癌症中，应该会随机出现 5 个阳性结果。但是如

---

① 可能运用的是 ANOVA 分析法得出的数据统计法。ANOVA 是用来分析多个群体中的计量型数据，以便比较变异的意义和分析其来源。

果第二个实验仅集中在分析一种癌症上，那么该种癌症随机出现阳性结果的概率也只有5%。在两个独立的实验中，一种癌症随机出现阳性结果的概率应该是0.05×0.05，或者说0.25%，这意味着仅重复一次实验，就可以极大地增加实验结果的说服力（对于实验的重复将会在第8章进行详尽阐述）。这里需要强调的是这个阳性筛选体系至少将范围宽泛的假说集中到了100种癌症中的一种身上，而不是得出更可能的“咖啡因不会增加癌症的概率”这个结论。相信咖啡因会增加患胰腺癌的概率，那么肯定会得出这样的结论：在引起胰腺癌的通路中存在着某些对咖啡因特异敏感的物质。这比发现一种特殊的致癌物质会导致另一种癌症（如石棉会导致间皮癌）更特别，因此，否定阳性结果是不合适的。这就需要对这些结果进行适当的处理，任何阳性筛选体系的结果必须经过更深入的研究，在更准确、更直接的假说经过确认以后才能有所定论。在进一步的确定性实验中，假说必须试图推翻那些起初会产生阳性结果的特例。如果运用理性思维进行严格的推理，那么理性思维将会非常成功。

验证“咖啡因会导致癌症”这个假说有多种途径。在第二轮的实验设计中，科学家不会采取流行病学研究了，而是进行药理学实验，建立一个系统，用咖啡因含量逐渐增加的食物喂养大鼠——加入咖啡因量等同于那些极其依赖咖啡的人群的摄入量，进行一年的研究，对比没有摄入咖啡因、同窝生的大鼠，那些大鼠患上肿瘤的概率并没有增加。

实验又一次陷入了进退两难的境地：是应该肯定实验的阴性结果还是应该将实验继续进行下去？科学家很可能将实验继续进行下去，因为他们认为长年暴露在恶劣的外界环境中才会导致癌症，达到预期的效果①，必须增加药物的剂量。因此，将大鼠摄入咖啡因的剂量增加到正常咖啡因日摄入量的100倍，每天如此，坚持一年。除了变得十分急躁之外，这些摄入咖啡因的大鼠确实比没有处理的阴性对照具有更高的肿瘤发生率，而这个概率实际上很有统计学意义。科学家可以得出结论：咖啡因会导致癌症，并且高剂量的咖啡因对于模拟人类数十年地摄入咖啡的状态是十分必要的。

再次，这两个结论（“咖啡因会导致癌症”以及“100倍剂量的咖啡因增加准确地模拟了长期正常水平的摄入量”）很有可能被证明是正确的。但是这些确切的结论是从这些数据中获得的吗？还是实验假说的结构框架促使科学家不断增加剂量直到出现阳性结果为止？

也有可能正常剂量的咖啡因不会致癌，但是很高剂量的咖啡因（如正常剂量100倍的剂量）会触发癌变过程。关于这一点，我们会在第16章详细讨论建立精确模型的问题。有时，要在生理水平上设置一个实验模拟一个基因产物是不可

---

① 注意这里的措辞：“预期的效果”。科学家有必要更期望某一种结果吗？

能的；相反，极大地增加被检测药物的剂量产生有用的数据却是可能的。但是却不能因为预定的需要去证明一个未经证实的假说而进行这些实验。实验必须控制在正常环境浓度下模拟导致癌症的过程，如一个特定的机制会引发其他的结果。换句话说，如果我们得出咖啡因会导致胰腺癌，那么假说的结构框架就不需要更深入，例如，寻找其他更可能导致胰腺癌的因素进行研究。相反，应该从讨论中去掉这样的研究（为什么要多此一举，在假说被证明时去寻找其他的因子呢?）。

下面再举一个现实生活中的例子来说明建立的筛选系统不适合证明假说。让我们用“X 酶的激活会导致癌症”的假说来讨论，这是基于先前的一些发现的。假设科学家从结肠癌细胞中克隆了一个具有活性的 X 酶。为了验证这个假说，科学家构建了一个遗传载体，编码持续表达活性 X 酶的突变体。作为阴性对照，科学家构建了另一个遗传载体，编码正常的不具有活性的 X 酶。编码突变 X 酶和正常 X 酶的载体被注入细胞。转入持续表达活性突变体的细胞确实表现出癌细胞的表型，并且在注射到小鼠体内后会致瘤。而转入正常 X 酶载体的细胞没有发生癌变，也不会使小鼠成瘤。该实验重复了 10 次，仍然得到相同的结果。看起来似乎结果很好，我必须承认如果在我的实验室中得到这些数据，至少起初我会十分兴奋。但是我们还是需要更谨慎一点。

如果我告诉你实验所用细胞正常情况下不表达 X 酶呢？如果我进一步告诉你通常会表达 X 酶的细胞对于转入持续表达活性的 X 酶具有不同的反应呢？第二类细胞不会发生癌变，而是分化成了神经元。现在我们的假说“X 酶的激活会导致癌症”还能站得住脚么？我们开始怀疑假说的正确性。但是先别急，如果我们进行更多的实验，发现结肠细胞通常情况下不表达 X 酶，但是在特定的条件下不适当地表达该酶，而此时 X 酶确实会诱导结肠细胞发生癌变呢？我们现在可能会提出一个新的假说：X 酶会导致结肠癌。我们会觉得这个较全面的假说更合适么？毕竟，这个基因最初是从结肠癌细胞中克隆出来的。但是如果说在调查的 100 种结肠癌细胞中并没有发现 X 酶的活性。那么，即使突变的 X 酶能够导致结肠癌的发生，它也不能被认为是疾病中常见的调节因素。最后，有一个新的发现，在脑瘤中，当细胞表达 X 酶时，更可能发生的现象是：肿瘤被治愈并且分化成正常的神经元，这种转化是通过用另一种蛋白质处理癌细胞激活 X 酶实现的。因此我们从科学家致力于研究“X 酶的激活会导致癌症”的假说，转变到了发现 X 酶的激活可以阻断癌症的发生。那么，明确地阐述假说结构框架及实验过程在实验课题中到底是有利还是有弊？假说确实促进了检测酶是否会导致肿瘤发生的实验。但是，假说没有要求对癌细胞本身会不会表达基因进行分析。并且假说也没有要求科学家确定该基因通常情况下在哪些细胞中是活跃的，或者它的活性怎样影响这些细胞。最后，假说也没有要求研究正常发生的肿瘤中这些酶是否被激活。这个假说提出的唯一的疑问就是这个基因被激活的时候会不会导致肿瘤的发生。在第 4 章中，我们将会讨论，结构框架的改变会不会更利于有效实验的设计[①]。

以上情景显示根据假说的本质，可以建立起一个阳性/阴性筛选系统，但可能会使非阳性数据被无意中舍弃，也可能使阳性数据处理不当。

科学家只有在证实了假说的时候受到奖励，而在推翻假说的时候则不会

以上情景证实了这样的情况：在获得阳性的结果前，实验设计都会几经波折。不要打击个人的整体性或者是指责他们目的错误，因为阴性的结果会使科学家面对实验设计是否正确的棘手问题，对结果的评判标准也可能会改变。换句话说，科学家可能产生这样的动机：持续改变实验的组成条件直到出现阳性结果为止。如果能够觉察到这种动机，就必须警惕。记住，掌握好统计学是很有用的，很多统计学框架需要科学家在实验研究前决定阳性结果的评判标准。

另外一些因素可能会鼓励人们去追逐阳性数据。有人认为人类的动机以及心理因素在实验中可以轻易地剖析出来，要控制这种科学中的人为因素，还是必须将几个明显的动机因素提出来。事实上，科学家证实一个假说会比推翻一个假说获得更多的奖励（即使这个假说并不期望得到确定）。高水平的（即使是低水平的）期刊通常不会发表阴性结果，到底是为什么呢？谁愿意读到一个观点，但是最终却被推翻了呢？更重要的是，资助机构凭什么愿意奖励提出的那些十分出色而最终却被证明是错误的假说呢？一个大学的系主任凭什么会继续任用一个不能成功找到支持假说的证据的研究员呢？

可能科研新手在意识到假说结构框架的深远意义时会十分惊讶。一旦实验的判断标准确定下来，那么它也成为了评判科学家的标准，阳性/阴性二元性也会被延伸到对科学家的评估中。而其他替代性结构框架将会更不容易受到这个因素的影响。

科学家在证明一个假说的正确性时会投入情感的因素，替代性思维结构框架在头脑中会使科学家更具有免疫力

关于心理因素对于研究员的影响已经进行了充分的探讨，但是却很少分析到

---

① 顺带提及一下，X 酶确实是存在的。酪氨酸激酶 TrkA 受体在一种结肠癌细胞中通过突变被激活，对该受体进行了克隆。虽然并不明显，但是 TrkA 是结肠癌中一种普遍的调节因素。当在成纤维细胞中过表达时，TrkA 会使细胞发生转化而具有癌细胞表型。但是在神经组织起源的 PC12 细胞中被激活的时候，TrkA 会诱导细胞分化成神经元。因此，虽然故事有点复杂，但是它证明了一个观点：一个简单的假说可能会更不利于揭示这样一幅“画面”，因为它建立起来的是一个没有用的积极或者消极的思维框架。

实验工作者的实验设计以及数据解释[1]。但是一旦意识到潜在的情感影响，则它是很容易消除的。

从根本上说，如果一个科学家构建了一个假说，他会为之自豪。但是，由于假说与结论具有相同的语法结构，科学家对自身的观点投入情感会使已证明及未经证明的观点之间的分界点变得更加模糊，或者说是鼓励科学家去证实假说。

同样，如果实验室里一个主要的研究员建立起一种假说，指导一个年轻的研究生去研究这个假说，至少有些担心这个研究生会将假说奉为真理而产生偏见。如果结果是客观的，那么这还不会成为一个难题，这是指数据收集员不用对数据进行解释，但是如果数据具有主观性成分，那么就要小心使观察者不要受到假说的影响。“盲”观察将在第12章中进行阐述。对于现在来说，要注意到，尽管研究员的偏见以及心理因素对结构框架的影响是可以控制的，但是除非意识到了这个问题，否则在实验设计中适当的控制方法还是很少被提及的。

其他的思维结构框架相对来讲可能不会受假说问题的影响

作为一个实验员，你可能会完全地、强烈地反对最后几个观点：假说会不适当地促成收集支持其观点的数据的动机。但是如果存在着一个替代的结构框架使产生的结果更公正呢？如果有办法设计实验使所有的结果注定是阳性的，从而产生的都是有用的数据呢？即使你相信理性思维十分有效，难道那不是更受理性思维方法的推崇吗？

接下来的章节建议运用一种替代的思维框架，并且指出会导致假说无效的设计，从而凸显替代性思维框架的作用。

总结及告诫

本章中，对理性思维进行了一定的批判，但是这种哲学方法即使在已知的科学探索最鼎盛的时期也是占据统治地位的。因此，很明显可以看出假说确实使很多有用的实验能够进行下去。但是有经验的科学家会意识到不适当地运用假说会产生无用的解释，因此会预感到理性思维结构框架中存在的潜在问题。下一章会提供一种替代理性思维的方法——仍然可以提出假说，但是却不会使实验框架受

---

[1] 但是，波普尔（《科学发现的逻辑学》，2002。纽约，Routledge）实际上驳回了心理学与一个观点的逻辑检测无关的想法。他反而强调在一个心理学能起作用的场景下，一个想法是浮现在脑海的心理过程，而不是有效的可以引起捍卫自身观点的心理学。大家可以在这冗长的话中读到讽刺的意味。

到以上难题或者疑问的干扰。然后我们再来涉及实验对照的大问题。

在继续讨论之前，读者应该意识到有许多针对卡尔·波普尔和理性思维的哲学批评。很多针对波普尔的批判都主要是针对哲学问题的，比如他在演绎推理的批判中是否始终坚持一致的观点，实际上他是否在他的演绎推理中反而破坏了其纯正的理论假说。与这些批判相反，我认为演绎推理在绝大多数多产的实验系统中普遍存在，实际上，它能够融入到理性思维正是它的可取之处。读本书，哲学家可能会发现这些结论都下得十分轻率，但是他们必须意识到当今科学与休谟、康德及罗素根据贫乏的经验抵制演绎推理的科学（比如，他们指出经验主义不一定是完全依靠经验来的）是有很大区别的。在现代科学中，不缺乏实践工具，经验主义可以建立在大量数据的抽样上。比如，那些曾经因为随机实验探索而被解雇的实验员现在可以对数据进行广泛的分析。这样，经验主义实际上可能很全面，因此以前运用演绎推理的批判现在不那么适用了。

关于反对演绎推理更详尽的介绍将在第 9 章及第 18 章中详细讨论。

3 科学地处理不切实际的假说

在 20 世纪 90 年代，很多庞大的生物学研究项目被启动，而其中假说的重要性好像受到怀疑。例如，多种生物的基因组计划[①]在这期间被启动，所谓的基因组是指科学家研究出某种生物的整个基因组 DNA 序列，其中包括动物、植物、微生物。而在研究之前，在这一领域并没有提出过明显的假说。

是否有一个正确的、恰当的假说来拟定人类基因组测序工作呢？我们现在知道，人类的基因组大约包含了 30 亿对碱基，都由鸟嘌呤（guanine，G）、腺嘌呤（adenine，A）、胸腺嘧啶（thymine，T）和胞嘧啶（cytosine，C）组成，而其中 G 与 C 相互配对，A 与 T 相互配对。一旦部分序列被测定，就可以与已知的基因序列进行比对从而知道这一区域的碱基组成。通过已知的基因序列和蛋白质编码规则就可以知道基因编码的氨基酸序列，而这种预测也越来越准确。

假设有一个假说拟定原始的基因测序计划如下："人类基因组计划的完成可以揭示人类进化过程中基因进化的秘密。"这种陈述本身是没有错误的，因为基因在基因组中的变化当然与人类进化相关。因此，这种陈述不属于假说，而是一种基本概念。

"基因组中多个拷贝的基因会与某个已知的基因相关吗?"这种假说确实值得商榷。假设"胰岛素在基因组上有 10 个基因与其对应"以理性主义来分析是有效的，因为它可以被证明正确或者错误。虽然这种假说可以用来拟定基因组测序工作，但真的有人在工作前有类似的假说吗?（想象一下：承担一个千万资金，耗费无数人力的项目来证明在基因组中有其他基因与胰岛素相关，或者其他类似的假说，例如，特定家族的基因在基因组中都有其受体的假说。这样的假说是无法获得项目审定人员的青睐的）。

这个例子也许可以说明在人类基因组计划中同样可以存在假说。人类基因组计划中的首席研究员克雷格·文特尔博士说他在得到美国国会认可他的项目以前，他确实认为应该提供一个假说。他解释说："这种做法一定会取得成功——这就是我们的假说。[②]"

---

① 人类基因组计划信息，美国橡树岭国家实验室。http://www.ornl.gov/sci/techresources/Human_Genome/publicat/primer/prim1.html/。

② 克雷格·文特尔博士 1998 年 6 月 17 日发表于 *Science* 杂志的文章。http://www.house.gov/science/venter_06-17.htm。

人类基因组计划是人类历史上规模最大、耗费最多人力物力的生物学工程，其最重要的价值就在测序本身，而其中假说似乎不是必要的，也没有起到实质的作用。

在人类基因组计划中会有一个必要的准则吗？还是在特殊情况下才会有如此准则呢？当然人类不会毫无目的地进行某项工作，也确实需要一个动力来促使整个测序工作的完成。就目前为止我们看到：工作动机并不等同于工作准则。

人类基因组计划的例子告诉我们：我们经常在项目确定很长时间后，才发现有克隆某种基因的需求，因此导致了有限的测序工作。文特尔博士有过类似的科研经历所以想让这项工作进展得迅速些。也许文特尔博士是为了自己的利益而醉心于这种技术，当他看到如此的问题时会产生一种莫名的兴奋，就好像一个攀登者看到了一座高山一样。但与此同时，基因组计划的进行需要巨大的基金资助，没有人可以说是为了测序而测序。申请者需要一个理由，一个可以让基金评审人相信基因组计划可以加速对人类疾病研究的理由。而基因组计划可以加速对人类疾病研究也许已经成为众多工作者真实的动力①。当然 20 世纪后期的投资者对人类基因组项目进行投资并不是因为项目本身很酷（虽然事实如此），而是他们希望看见有益的结果。

可以将“理解基因可以加速对人类疾病的研究”看作一种假说吗？结果是否定的，因为这句话不能进行真伪的论证。时光已逝，我们不能回到过去来看看如果没有基因组计划人类疾病研究的进展是否会减慢。其初衷就是一个单纯的目标。

而这个单纯的目标是一种心理学动机，它与科学准则在科研探索中具有的重要意义有所不同。作为目标来讲可以治疗癌症、帮助人类、获取权益、赚得金钱或者名扬天下，这些都可以是一名科学工作者的动机，但是他对项目的构建、实验的设计以及数据的处理没有一点用处。在这里我们并不是说这种目标没有任何意义或者可以忽略掉，而是强调目标本身对实验的设计没有意义。

对人类基因组计划而言，有一个有意义的框架吗？简单地说，框架就是基因组本身。基因组本身有太多的未知序列，而序列本身又包含了太多的秘密，因此测序就成了迫切需要解决的问题②。如果把这个讨论换一种思维考虑，把实验框架与实验项目之间的关联性看作一个问题，就容易解决得多。例如，人类基因组的序列是什么？

---

① 《基因之战：克雷格·文特尔博士如何驾驭生命密码来拯救世界》。詹姆斯·施礼夫写作于 2004 年，纽约 Knopf。

② “问题/解决”模型本身也受到以马丁·海德默尔为首的哲学家的批评，但是马丁的观念在这本书中没有详细的论证。

对这个问题的整体讨论我们将在第 4 章进行。在那里，它会帮助我们解决在基因组测序工作结束后所发生的事情。而这段历史可以帮助阐述应该在什么情况下设计假说，而在设计过程中什么又是必需的。

设计有意义的假说框架需要该领域的丰富知识

获取人类基因组序列以后，比较新基因与已知基因序列，通过类似基因的功能调查，人们可以马上推测出新基因可能具有的功能。例如，假设已知有四个基因编码一种特殊家族蛋白，我们称它们为酪氨酸激酶受体，而如果新的基因序列有 20 个以上的序列相似，则我们可以推测新的基因将编码一个新的酪氨酸激酶受体。

这些推测可以被归纳成为假说，例如，“278 号基因是一个酪氨酸激酶受体。”这种假说可以被完美地证明，同时对理性批判学家来说这是一个很有说服力的证据。而研究本身可以通过表达 278 号基因然后检测其是否具有酪氨酸激酶的活性进行[①]。我们现在返回有用假说的领域。面对如此庞大的数据（人类基因组计划），我们的问题集中在两个方面：一是假说是不是在此领域中适用；二是在此领域有没有一个有用的假说形成。因此，面对如此庞大的数据采集，确实需要制定一个假说，一个基于人类基因组的假说。

虽然这一切都是完美的逻辑，但是仍然有一个问题需要理性批判主义者去解决。因为严格地说，假说是不应该基于推理归纳的[②]。确实一个形成假说框架的首要动机应该避开推理归纳，因为推理是要依靠个人经验的。

但是人类基因组计划的例子有力地证明了在没有数据的基础上假说是不能形成的，而这些数据在某种程度上就是一次认识。类似地，如果事先不知道天空是有颜色的，而颜色是由光的折射造成的，“天空是红色的”这种陈述也就无法存在。而天空拥有多种不同的颜色与人类基因组有庞大的基因数据相似。

对于人类基因组计划本身来说，我们还有一件事情需要认识：无论它是否存在与预期相对应的假说，事实上它的测序完成本身对人类科学的进步起到了巨大的推动作用[③]。这个项目本身的进行并不是为了证明假说在科学研究中的作用

---

① 酪氨酸激酶可以使肽链中的酪氨酸磷酸化。激酶是指可以磷酸化某些氨基酸的酶，而酪氨酸激酶是指特异性地磷酸化酪氨酸的酶。酪氨酸激酶受体是指存在于细胞膜上的受体，它可以接受生长因子，通过酪氨酸的磷酸化进行下游的信号转导。这个受体家族的基因序列结构已经被很好地鉴定，不同的家族成员都具有相同的氨基酸残基。

② 波普尔并没有明确对比“更好的理论”，但是在某些时候在他的著作中似乎表达出对于这些理论的偏爱。如他的著作 *The Growth of Scientific Knowledge*，2002。

③ 并不是完美地完成了基因组测序工作，某些序列仍然在修正过程当中。

(如果在项目庞大而繁琐的时候真的就不需要假说，同时也不需要对结果进行预测，那为什么在处理简单的问题时需要假说的帮助呢？而庞大而繁琐的项目不正是由很多简单的项目组合成的吗？)。

总　　结

尽管在第 2 章中我们已经讨论了假说框架的学说存在很大的缺陷，但是这些例子没有一个可以说明一个有用的实验项目可以完全地避开假说。人类基因组的例子证明了一个实验项目可以不需要一个具体的假说，同时让我们认识到某些没有预测结果的实验项目也同样是有意义的，由此确立实验项目其实是在一个很大的尺度范围内的。如果可能，一个科学工作者就必须知道为什么在小尺度的试验项目下，试验结果的预测与假说的框架是必需的。

4　把问题作为科学研究的基准框架

——归纳推理的开端

怎样才能解释“天空是红色的”这种假说呢？而又是什么能够迫使我们去进行各种实验从而获得相关数据呢？考虑一下：在我们一天的生活中，如何获得有用的信息呢？我们周围的大多数人都是普通人，并不是伟大的“科学家”，而我们获得有用信息的途径是一致的，那就是“提问”。

一个典型的归纳框架：如何进行有效的、连续的提问

想象一下，你作为一个游览纽约的游客，来到了位于百老汇大街116号的哥伦比亚大学。你想去卡内基音乐厅参观，但是你不知道路线。这个时候你会怎样做呢？你应该不会先做一个假说：“在百老汇大街57号右转，到达卡内基音乐厅。”[①] 然后去咨询这个假说的真伪。如果错了，重新进行假设，重新咨询，直至撞到了正确的答案。我们可以称其为“假说证伪到达法”。另一种寻找路径的方法是提出一个问题：“我怎么才能到达卡内基音乐厅呢？”（图1）。如果接下来你碰到了一个纽约本地人，并向他提出你的问题[②]，你可能会得到三种答案。然后你可以继续提出你的问题：“最好的途径是哪一条？”这个时候在你的问题中增加了一个函数：“最好的”，而且你需要为这个函数提供信息。比如说你是想穿过林肯中心还是想最快地到达呢？这个纽约人在思考后将给你提供一个他的经验路线，但是这个建议是基于他的知识的。这种限制由于个体经验本身就可能存在一定的推理错误[③]。答案的给出是基于一个小数目的观察，当然就有可能存在不恰当取舍；除非你走过所有到达卡内基音乐厅的路，并进行计时，然后进行有效的重复实验，否则你不可能给出一条最快到达的路。

也许一些早期反对归纳推理的理由在今天看来已经不能成立，大规模的电子数据技术给了我们更多的力量。比如说你现在在纽约街道上询问路线，你都可以借助于电脑程序来了解所有纽约街道的数据。如果借助于这些参考，你可以找到

---

① 事实上，你需要在57号街左转。

② 在先说“实践，实践”之前。

③ 我们现在的论述与很多西方著名哲学家的思想相悖，比如：卡恩特、大卫·修蒙、贝特朗·拉塞尔。修蒙与卡恩特的观点在本书的第9章会有详细的论述。

假设法

提问-回答法

图 1　卡通图指出了从 A 点到达 B 点如果通过特定的假说来验证是非常难以实现的。一个人将得到一系列的否定答案而无从前进。相反，如果这个项目以问题为框架，那么进展将会顺利、快速得多。

所有从哥伦比亚大学到达卡内基音乐厅的潜在路线，而且借助电脑可以对这些信息进行分析。这样的具有代表性数理统计能力的确是科学上的一个重要发展，我们也可以借助这些数学工具处理很多生物学问题。应用其处理很多样本的时候，大大降低了由于实验人经验不同产生的差异，而由于样本量的提高，也减少了非代表性样本对科学分析的影响。

我们继续进行从哥伦比亚大学到达卡内基音乐厅路线的讨论。如果你决定从电脑程序中找到最快的到达路线，与询问纽约本地人一样，你接触计算机程序的第一步就是提出问题。我们仍然是先对计算机程序输入查询目标，然后写出测量方法，让计算机模拟一辆车以相同速度走过两地间所有路线（这些信息是计算机大数据库中的一小部分）①。此外，目前还可以应用程序监视交通警报，并消除

① 这并不是建立地图书写程序的方法，它仅仅是一个隐喻：如何通过归纳来进行实验。

这些街道状况不同产生的影响。参考所有的参数，计算机经过计算后给出答案。而这样的答案也可以看作是基于以往的经验——数据库中最快的路线。但是这种答案更多意义上可以看作是一种结论，而这种结论是一个开放式的问题，是基于众多结果的一种预测，无从肯定是否正确。而验证电脑程序的预测是否准确需要基于实验，你可以准备多个实验车辆，同时同速出发，经过不同的路线，然后计算时间从而验证预测的准确性。如果所有的实验结果都与预测结果相符合（在统计学上消除误差的影响），那么这个程序则是有效的。如果实验结果与预测结果不符（有其他路线优于系统给出的路线）那么你就需要重新返回公路，在数据库中增加数据，对程序进行有效的更改，重新进行实验验证，直到得到有效的程序。

这个应用计算机进行地图绘制的例子很好地说明了应该如何进行科学的提问与归纳。与“从 A 地到 B 地最快的路径是什么”一样，实验项目的设计也是从回答一个问题开始。数据的收集与答案的预测都是基于这样的基础问题，而最终的结果就是依赖实验结果与实验者的个人能力，应用统计学对未来进行预测。检验预测成功与否的标准就是给出的答案能否准确地解释问题①。

应用归纳和对假说的检测预测未来

如今我们已经对“哪一条路可以最快地到达卡内基音乐厅”进行了预测，但是我们不知道这种预测是否准确。如果你认为自己的这个预测是正确的，那么你同样可以提出一个假说：“电脑程序预测的路径就是到达卡内基音乐厅的最快途径。”而这个时候你就需要对其他假说进行一一驳斥，进行行车实验，计时。如果对已知的其他所有假说进行实验后，没有发现比原来更加快速的途径，那么这个时候你就在一步一步接近“真相”。然而，如果以这个问题开始：“我预测的路径是到达卡内基音乐厅的最快路径吗？”那么这种对程序准确性的检测就要容易得多。

由于有了问题的提出，就需要通过实验对问题给出答案，同时进行数据分析后，就会有一个科学的结果。

比较不同的步骤

为了使我们目前提出的问题程序化，我们同时提出两个正式的方案。

---

① 这种可以准确预测未来的能力可以看作波普尔理论中假说的作用。波普尔认为假说的重要在于它可以很容易证明其错误性，而不是非常困难地去证明某些事物的正确性。他还认为证明假说的错误后可以得到一个准确的结论。然而在后面的章节中我将介绍一个问题也同样可以准确地预测未来，同样在波普尔所指出的巨大的数据面前。

在批判理性主义模型中，步骤是：

1. 决定进行一个实验项目。
2. 做出一个假说。
3. 验证假说的真伪。
4. 得到一个结果。
5. 通过对假说的重复验证来证明得出结果的准确性。

在提问-回答模型中，步骤是：

1. 决定进行一个实验项目。
2. 提出一个问题。
3. 得出一个答案。
4. 当问题被再次提出时，观察新的答案是否与原来的答案相符，从而验证原来答案的准确性。

乍一看来，因为都需要进行一个预测性的实验，所以两种步骤是非常相似的。因此，论题就变成了对科学工作者而言，这种提问-回答模型是否比假说/证伪模型有更多优点。

把问题作为科研项目的框架

为了比较提问-回答模型与批判理性主义模型，我们将重新讨论假说模型中的缺点，而观察提问-回答模型是否能避免这些问题。

让我们回到最原始的假说中。

天空是红色的。

我们如何将这个假说转换为问题从而成为实验方法的框架呢？第一次变化可以是把假说转换为简单的二选一的问题：

天空是红色的吗？

因为这个问题只有两种答案："是"或者"不是"，所以假说变成了"二元"的封闭性问题（当然回答也可以是量化的，比如说："有一点红。"）。

在计算机程序应用以前，如果我们想要回答"到达卡内基音乐厅最快的路径是什么？"这个问题，就需要解决几千个二元问题，而这些问题都有类似的结构："X路线是到达卡内基音乐厅的最快路径吗？"；"Y路线是到达卡内基音乐厅的最快路径吗？"；"Z路线是到达卡内基音乐厅的最快路径吗"等。而这些二元问题是开放式问题："到达卡内基音乐厅最快的路线是什么？"的子集。

如果没有关于路径的这个开放式问题，对于实验项目而言仍没有合适的框架。因为对于任何人而言，简单的二元问题不能引申出其他问题。比如说，如果没有"到达卡内基音乐厅最快的路径是什么？"这个主框架，那么就没有必要比较"X路线是到达卡内基音乐厅的最快路线吗?"和"Y路线是到达卡内基音乐厅的最快路线吗?"问题的结果。换言之，如果没有开放式的问题作为框架，实验者就很可能陷入经验归纳主义的陷阱，即比较X路线和有限的经验路线从而得出结果。

在应用实验设计来确定天空颜色的课题中，同样可以应用一个开放式问题作为实验设计的框架：

天空是什么颜色的?

开放式衍生问题

正如我们所讨论的，如果我们以"天空是红色的"为假说开始，那么最显而易见的衍生问题就是："天空是红色的吗?"这样的提问避开了相类似的同种问题，从而使研究简单化。比如说你以问题"天空是红色的吗?"开始，那么你就不需要再提出"天空是蓝色的吗?"这样的问题。

然而如果你以检测天空的颜色为基础开始实验设计，那么这个实验的框架问题就变成了一个开放式问题："天空是什么颜色的?"而不是开始于一个特定的颜色。确实，如果我们退后一步，从根本上忘记了假说的存在，取而代之的是直接从原始的实验项目开始（检测天空的颜色）。有些人会反对二元问题："天空是红色的吗?"，因为它作为结论来讲思维的跨越实在太大——在你没有精确地测定天空颜色之前，你为什么可以选取一个特定的颜色而提出一个简单的问题"天空是红色的吗?"来呢？应该是所提出的一系列问题中的一个，而这些问题组合到一起又是一个开放式问题①。

如果认为假说不能轻易地衍生成为开放式问题，那么这又可以看作假说的一个缺点。换言之，假说是一种质的飞跃，这种飞跃需要建立一个具体的框架工作来证明其真伪。相反，这种逐步提问的方法并没有这样的需要。在这种方法中科学家只需要提出一个广泛的问题，得到一些简单的二元答案："是"或者"不是"。开放式的问题涉及的范围越广，其子集问题就越多，而子集问题解决得越多，对于原来的开放式问题来讲就越趋向于得出一个肯定的答案。

---

① 你也许想知道为什么那是一个框架。要牢记框架的定义是一个为实验项目而生的哲学结构，它强迫科学家通过实验去寻找真理，在这里我们认为实验是通过数据准确预测未来的必要步骤。正如即将要论述的，开放式问题帮助你到达你想要去的地方。如果这个仍然不容易理解，你可以回到"天空是什么颜色的?"这个问题上来，因为面对这个问题你必须要选择开放式问题作为你的框架而不能选择二元问题。

从结论角度而言，二元的回答“是/否”与开放式的问题具有不同的语法结构

开放式问题“天空是红色的吗？”与二元性的答案：“是，天空是红色的”；“不，天空不是红色的”；或者“天空在黎明与黄昏时是红色的”相比，具有不同的语法结构。在“天空是红色的”这个问题上，假说与结论具有相同的结构：

假说：（待证明）天空是红色的。

结论：（已证明）天空是红色的。

与其比较，提问-回答框架：

问题：（待证明）天空是什么颜色的？

答案：（已证明）天空是蓝色的。①

实验进行的动机与通过实验数据分析出实验结果具有很大的不同，而理解以上语法结构的不同对理解此问题有很大的帮助。以问题为框架致使科学家需要面对这样的事实：在进行实验之前，问题的答案是未知的。换而言之，提问-回答模型的关键在于科学家是去证实一个未知答案的问题。问题的提出是为了阐明一个完全未知的课题。这一点与假说完全不同。假说需要科学家拥有足够的知识，可以预测未来的结果，提出假说，并希望证明假说是正确的。说得更清楚些，假说往往是在没有实验的情况下，科学家通过个人的聪明才智，预测事实的真相，而实验只是为了证明科学家的猜想是正确的。

问题并不是为了某个特殊结果而产生的需要

理性批判主义的框架指出假说的需求必须建立在证伪的基础之上，这样，科学家就被推到了一个尴尬的位置——满足这种需要与自己对证明假说正确的渴望产生了巨大的矛盾。而开放式问题就没有在实验者与结果之间制造任何的压力。记住这个问题：“天空是什么颜色的？”在这个问题的框架中，所有的包含天空反射光波长的答案都属于“阳性数据”。没有必要通过预先的标准来筛选答案，没有必要设置成功点（例如证明天空是红色的），所有的数据都可以看作“成功的”

---

① 显然那不是一个完整的答案，但是我们可以看到一个人如何简单地得到剩下的答案。在此，这个例子就是为了证明问题和答案在结构上有所区别，解释为什么提问-回答模型对科学家有所帮助。如果读者认为我在利用特定的答案来回答问题，得到结论，而不是像假说一样系统准确地论证，那么回忆一下这些结果是如何组合到一起的——假说的结论并不精确，因为个人偏好更容易影响到假说的提出。如果你只是提出问题，那么就很难以“天空是红色的”这样的简单问题来回答。这方面的问题将在下一节中进一步讨论。

(图 2)。

图 2　卡通图指出假说也许会导致科学家滤掉了“阳性结果”。在渴望精确地证明假说的正确时，或者证明其错误，即使最初的情况与描述不符，科学家将会等待直到“外面是黑天”这个假说发生改变。

对于刚刚入门的科学工作者来说，这种提问-回答模型就显得尤为重要，因为它实现了一种实验公式：实验过程中得到的所有数据都是“阳性的”。对于科学工作者来说，最大的恐惧莫过于花费了大量时间后，发现所证明的假说是错误的。不乏很多青年科学工作者离开了科学界就是因为在追求了“阳性数据”后发现自己的实验结果与其相反。我们不免对那些想要证明“天空是褐色”的研究生感到同情，如果他们的问题变为“天空是什么颜色的?”，那他们的未来又会怎样呢?[①]

① 也许观测人工作在洛杉矶、加利福尼亚，在这些地方由于大雾致使天空变成了不自然的褐色。

是否以提问-回答模型进行科学研究就可以保证实验者得到“正确”的答案?

不一定！如果本书写于20世纪70年代，把以广泛的开放式问题作为实验框架的最初思想放在这里，很可能会被不假思索地否决。因为在那个年代，收集大量的、相关的、复杂的生物学数据用以解决生物学问题是一件非常困难的事情。而开放式问题却具有巨大的吸引力，因为它让科学工作者的注意力集中到手头上的试剂中。例如，如果只让科学家来判断“是红色的”或者“不是红色的”就容易得多。但是在这种条件下，一个开放式问题就需要购买额外的仪器。在生物学领域，像“什么基因产物，在什么条件下被抑制，可以治疗肿瘤?”这种广泛的开放式问题也许就没有作用。像这样的一个框架需要大量的、一系列的二元问题，没有实验室可以完整地回答它们。然而在这章的后半段，我们将介绍开放式问题可以被分为可操作的、较小规模的问题，而这些问题几乎在所有实验室都是可以解决的。更进一步说，即使科学工作者没有能力回答完整的开放式问题，甚至连回答不完整问题的能力都没有，作为科研工作的框架，广泛的开放式问题仍然有其他框架无法比拟的优势。

广泛的开放式问题限定了问题的范围

即使科学家不能测定每一个基因，但当某一组基因过表达能够治愈癌症的时候，测定这一组基因中的某一个基因也是非常有意义的，虽然这个基因在这组基因中占的比例可能很小。在数学概念上，如果假设在总共的35 000个基因中，只有一个基因过表达会治愈癌症，那么科学家在检测过程中就只有1/35 000的概率检测到这个阳性基因。因此，类似“99号基因过表达可以治愈癌症”这样的假说几乎是注定失败的。而问题“哪一个基因可以治疗癌症呢?”至少限定了课题的范围，从而允许科学家坚持这个研究直到出现可以检测人类所有基因的技术。

开放式问题不会导致科学家片面地研究某一问题

虽然一个片面的开放式问题框架不能引导科学家找到“正确的答案”(因为实际的问题比预想的大得多)，但它也不会导致科学家研究的片面化，而有的时候，假说就会非常限制科学工作者的思维。例如，在“天空是红色的”这个假说中，也许一个人发现天空是蓝色的，但他会认为这是和假说不相关的结果。相比较，如果从问题“天空是什么颜色的?”出发，那他就会引申出一个二元问题:“天空是红色的吗?”

开放式问题告诉科学家：实验过程是建立在未知立场上的

这是一个先前已经讨论过的问题。问题本身的语法结构，以及应用此结构在形成框架中的需要，自然屏蔽了科学家答案已知的想法（如果答案已经知道，那为什么还要提出问题？既然问题已经被提出，即使科学家可以做出非常合理的猜测，答案也一定是未知的）。

一个开放式问题将会衍生出更多的封闭式问题

大量的开放式问题限定了问题的范围，允许科学家去寻找更好的方法。为了回答封闭式问题："天空是红色的吗?"，就只需要仪器可以测试红光，但如果想要回答开放式问题"天空是什么颜色的?"，就要求仪器可以测定所有颜色的光。

开放式问题不会对某一特定答案产生偏好

在提问-回答模型中，如果科学家发现天空是黄色的而不是蓝色的，他不会得到任何报酬。而如果事情相反，科学家就会产生一种倾向——为了"正确的结果"去"证明实验"。如果我问你喜欢什么类型的冰淇淋，我一般情况下不会注意你是喜欢巧克力口味的还是樱桃口味的。然而如果我个人以为你喜欢香草口味，并把这种臆想强加给你，那我也许就会和你争论，你曾经透露过你喜欢巧克力口味。

问题框架为实验的成功提供了时间，直至出现可以解决问题的技术

如果一个科学家在完成实验后仍然不能回答"天空是什么颜色的?"，那他/她就不会采用这个问题作为他/她课题的框架。如果只能测定单一的特定颜色，那对于这个开放式问题来说，成功完成的概率就很低。因此，科学家就避免了耗尽人力物力去尝试一项很难完成的工作，而被迫转移方向去寻找可以完成这个问题的工具和方法。对于这个论述有一个很恰当的例子："人类基因组的序列是什么?"这个问题需要新的测序方法。在人类拥有对整条染色体测序能力之前，这个问题是不可能得到答案的。而当这个问题被提出时，这样的技术显然是没有的。这突出表明了提问-回答模型的优势。

特定的问题有可能刺激新技术的发展

特定的假说也同样可以刺激新技术的发展，而开放式问题本身就有更新技术的需求，以其为科学研究的框架更可以促进新技术的发展。

询问更多的连续问题

开放式问题并不需要被扩展而包含所有相关的方向。广泛的开放式问题之所以被应用为科学研究的框架是因为研究者需要认识世界的宽广，视野需要开阔、思维需要全面，不能局限了自己的目光，仅仅看到问题的片面。而一个具有广度的开放式问题恰恰可以帮助研究者认识论题范围，不至于禁锢自己的思想。如果了解了这一点就没必要从开放式问题“什么基因突变可以导致癌症发生?”跳跃到二元问题“当基因 X 突变后会产生肿瘤吗?”鉴于面对如此复杂的问题，技术上往往会有障碍，因此就有必要琢磨出更有限制性的论题。例如，一个人可以限制“什么基因突变可以导致癌症发生?”这个问题为“什么基因突变可以导致胰腺癌发生?”而假如一个人更倾向于基因 X 的研究，那他就可以提出一个开放式问题:“基因 X 的功能是什么?”然后研究其功能与肿瘤之间的关系。这完全由开放式问题“基因 X 在肿瘤发展过程中的作用是什么?”衍生而来。在这里需要注意，即使已知的现象表明基因 X 在肿瘤发展过程中起到重要的作用，但论题“基因 X 在肿瘤发展过程中没有任何作用。”也是有可能成立的。假设可以渗透到问题当中从而形成假说，但我们希望通过图 3 来证明论题比“基因 X 在肿瘤发展过程中的作用是什么?”这个问题的范围宽广得多。而两个圆也可以不相交，直至有数据证明他们会相交（图 4)。

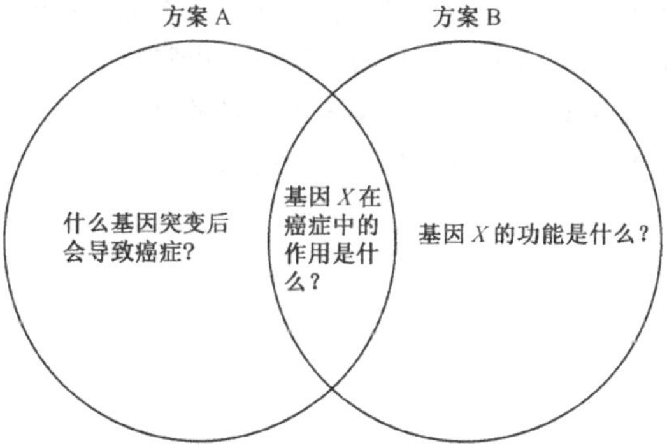

图 3　实验之前（方案 A）对基因 X 的功能与基因突变导致癌症的关系是未知的。但是实验结果显示基因 X 在癌症中有一定作用，由此可以将两个知识范围联系起来，获取导致癌症的基因的信息从而得知基因 X 在癌症中的作用（方案 B)。

换句话说，如果一个人没有预先的知识积累，为什么会提出“基因 X 在肿瘤发展过程中的作用是什么?”这样的问题呢? 也许先前的实验无论在图 3 哪一个框架中都已经指出了基因 X 在肿瘤发展中起到了作用。

通过可以应用的试剂画出问题框架的训练是非常有用的，因为它不但限定了

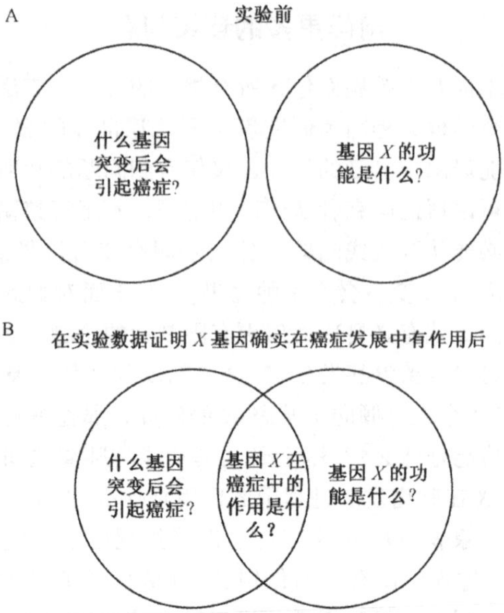

图 4　韦恩图表表明 A 实验前两个不相关的问题；B 实验后两个不相关问题的交集（例如，实验数据显示基因 X 在癌症中有一定作用）。

论题是什么，不是什么，还知道了研究者如何应用手头的技术与试剂去回答这个框架问题。如果这个系统真的存在局限，那框架也同样是有局限的。但是我们要了解，正是这种局限的存在导致了科学家不必思考得过于烦琐复杂，而得到一个恰当范围的结果。但事实上，这个系统是没有限制的。

5　是什么构成了实验问题的合理解释？

对于“天空是什么颜色的”这个问题，运用科学的手段，能不能找到一个正确、符合事实、又从科学角度可以接受的答案呢？

为了回答这个问题，必须按本书第 4 章中的步骤做一个实验（请看第 4 章）：先提出一系列封闭式问题，如天空是蓝色的？绿色的？黄色的？红色的？然后再测量中午时所有可见光的波长。最后得出了结论：

天空是蓝色的。

随后，这位科学家开始质疑：

天空真的是蓝色的吗？

之后，这位科学家进行了数十次全谱测量，为减小实验误差，他连续数日在正午时进行测量。在 30 天的实验中，有 27 天天空是蓝色的（第 6 天、第 7 天和第 14 天是阴天，因而天空是灰色的）。天空是蓝色的天数与天空是灰色的天数——或者说是“非蓝色的”的天数相比，其差异显著，所以，科学家认为，“天空是蓝色的”这个答案是正确的。

至此，科学家完整地回答了这个问题吗？从确定合理答案的标准看来，这个问题似乎已经被很好地解决了。但是科学家又提出了更深远的问题，而使得这个答案从统计学的角度得到了确认。

这位科学家相信他已经得到了“正确答案”，但是或许读者不这样认为，感到他的测量有缺陷，为什么呢？因为他的测量从来没有在夜间进行过，甚至，在正午以外的时间也没进行过。我们还不能够认为这个实验已经完整地回答了问题。如果一个建立成功模型的标准是可以在统计学意义上预测结论，那么这个“天空是蓝色的”模型，只要每天正午时分进行，就是正确的了。一旦有一天，这位科学家失眠了，他想在晚上进行一次测量，这个模型就被质疑了，科学家就需要对模型进行修正。这样做是科学探索的一个过程，常常是确定了的答案被新的情况打破，原来的答案还要进行重新验证。这样的“验证”并不是说“天空是蓝色的”理论是错误的，而是说深夜的测量使科学家认识到，新的发现使这个问题的答案成为一个有限的答案。一旦科学家想到在夜间测量，模型就变成了“天空在正午是蓝色的，但在深夜不是”了。

这个修正答案的过程，就引出了第 6 章“模型建立”的理论。在这里，我们应该说，如果一个实验问题的答案可以提供反映现实的模型，那么就可以认为是可行的答案。比如，反映天空的这个模型，有太阳闪烁着光芒，照亮了天空，天空时而漂浮着白云，而第二天我们起床后所看到情况与之相同，那么我们就可以说，这个模型是精确的。同样，一个重力模型，显示物体释放后会下落，而每次都会出现同样的结果，我们就可以相信这个重力模型了。

因此，一个模型就是科学家所相信的现实代表，其精确度表现它对未来预测的能力。如果我们放落一片树叶，而这片树叶偏偏被风吹到空中，我们就能发现一种与重力相反的力。在制造重力模型时应将这个相反的力考虑在内。

即使不够完善，一个模型仍可被称为“精确”，这样说或许不会令人满意，就像我们经常看到的，对普遍性的需求并不那么容易在生物背景中广泛应用一样。因此，只要能够认识到答案的局限性，人们就会对准确定性问题觉得满意。

6 如何用实验结论来描绘现实

想要有效地积累知识，即回答实验项目的框架性问题，做实验的时候，还有两件事情必须做到：

1. 正确进行实验，得出结论。

2. 结论必须放回到实验的背景中去，来证实或者颠覆对题目的理解。这个复杂的过程叫做“模型建立”——是构思框架性答案的过程。

由于假设先于实验，它仅是一个猜测，或者说推测。相反，模型的建立是在实验完成之后，因此是以积累的数据为基础的。这就是假设和模型的关键性区别，不说明白的话，可能它们会被认为是完成了相同的任务。模型之所以叫做模型，是由于它是用于描绘被分析课题相关的特性，以便于提供框架性问题的答案。模型建立是一个基于归纳、联想、从个体到整体对积累的事实进行理解的过程。

一个模型建立

从一个开放的框架性问题开始

为了说明模型是如何建立的，我们来分析一个已实践过的实验项目。要避免读者迷失在过多的细节中以至于不明白为什么没有提供更多的象征性信息，并且使读者明白尽管这是一个“真实的”例子，但是它是作为如何建立模型的一个象征而存在的。并且，我们将看到，过度的泛化将导致我们无法把握系统性问题，从而扰乱了实验的进程。只有通过将实际的实验细节拼凑起来，才能够发现可用于建立有效模型（可以得到实验项目答案的模型）的普遍过程。

我们假定一位科学家想要弄明白一个名叫“MuRF1”[①] 的蛋白质的功能。他将以下问题作为实验课题：

MuRF1 的功能是什么？

由于这仅仅是一个框架性问题并且还没有做过有关这个蛋白质的实验，这位科学家还没有建立关于探索 MuRF1 功能的模型。换言之，没有足够的实验数据可以开始这个了解 MuRF1 功能的进程。注意，后面这句话中的关键词是“足

---

① 正如提到的，这是一个真实存在的蛋白质。但有关 MuRF1 和实验的描述也作为任何实验课题的比喻。

够”。MuRF1是一种蛋白质，而蛋白质作为一类物质，是已经被实验探索过的，现在确实存在可以加以利用的知识库。但是，除了知道它是一种蛋白质外，目前尚不清楚MuRF1如何与一些已知信息的蛋白质相互作用，因此任何与MuRF1相关的信息都存在于蛋白质一切功能的子数据库中（图1）。

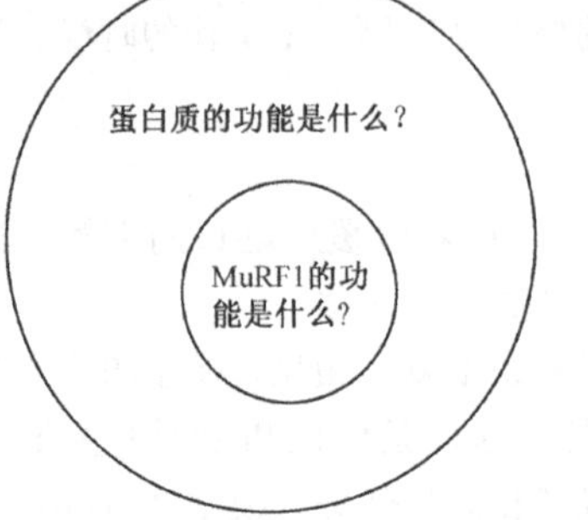

图1 在进行实验之前，已知MURF1是一种蛋白质，但是，如果没有数据显示MURF1是哪种蛋白质，全部蛋白质都成了了解MURF1功能的背景。

让我们从头做起，以MuRF1为中心的一个空白画板。我们至少知道，MuRF1属于一个特别的种类：蛋白质。但是有关MuRF1的功能的数据我们仍不得而知，因此无法判断它与其他蛋白质的相互作用。例如，对于图1，我们不可能知道MuRF1范围外的蛋白质与MuRF1的功能是否相关，有可能MuRF1极其特别，以至于没有其他蛋白质与它的作用相关。虽然这种一无所知的状态看起来是一种缺点，但其实这样可以使得在第一个问题提出之前，不会存在任何偏见，这便成了一大优势。在这种背景下，在回答框架性问题时科学家可以开放性地面对一切可能。

回忆一下前面章节的讨论，再对当前的“优势状态”仔细考虑。首先，与面临“MuRF1的功能是什么”的开放性问题相反，科学家需要利用类似于“MuRF1具有X特性吗?”这类的封闭性问题来建立实验项目。大家都清楚，封闭式问题不会得到上述的无偏见“优势状态”，因为没有任何背景地将问题跳向“X”会使科学家倾向于：①以检测“X”为项目的起始；②也许就以这一检测作为课题的结果，因为唯一的要求就是对“X”进行考察。我们不再通过“MuRF1确实具有X特性”这一点来进行冗长的讨论。事实上，我们已经勾画出围绕这一概念的问题。

在“MuRF1的功能是什么”这一问题提出后以及进行首次实验前，让我们回到“优势状态”。如上所述，再次是，建立一个可能得到答案的模型是不可能的，因为科学家对于MuRF1的特性毫无了解——没有相关实验、没有结论，甚至没有一般性的数据。由于结论建立是模型的砖石，所以现在根本不可能建立模型。那么科学家该怎么办呢?

通过获得归纳演绎空间提出第一个实验问题

如何从确定实验项目的框架性问题到勾勒具体要求的实验性问题？什么样的

首个问题是能够帮助科学家有效地集中实验以便于得到回答框架性问题的重要数据的呢？

就像我们前面提到的，MuRF1不是第一个被研究的蛋白质；成千上万的蛋白质的功能已经被研究过。这些蛋白质拥有特殊的结构，具有一定的亚单位（叫做结构域）——以至研究表明它们往往预示某些特殊功能。因此，或许科学家的第一个问题可以是：

MuRF1是否与某些已知功能的蛋白质相似呢？

这个问题引发了MuRF1与其他蛋白质的结构比较，结论将会是，有一系列蛋白质在不同角度与MuRF1相似。从更广泛的层面上讲，科学家在做的事情（比较MuRF1与已知功能的蛋白质）是为了试图获取相关课题的研究数据以便了解当前的课题（图2）。将这个特殊的蛋白质——MuRF1放入全部蛋白质这个

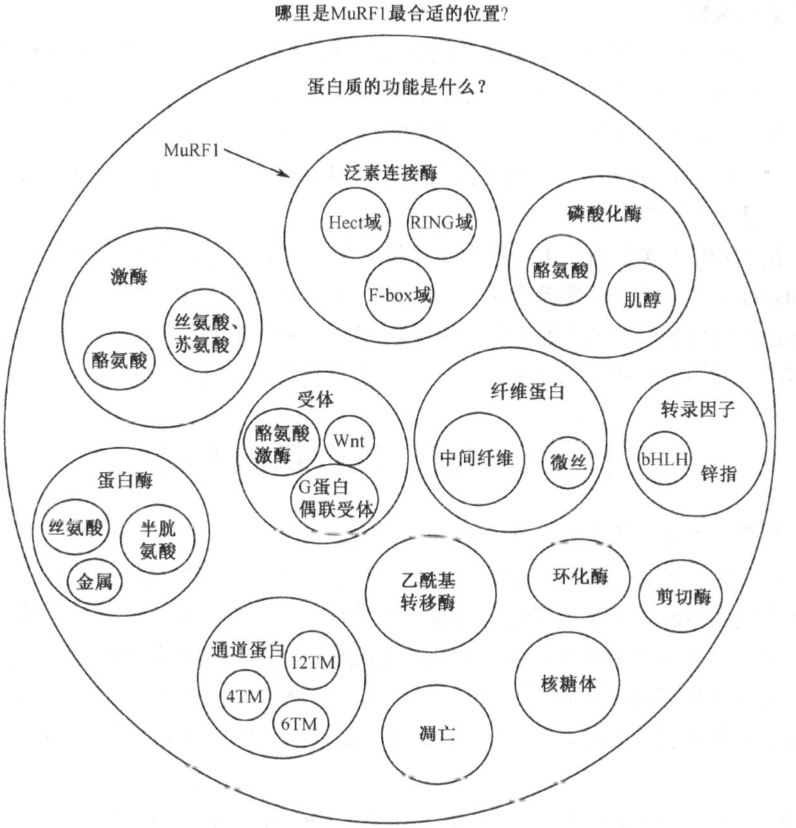

图2　蛋白质依据已知的结构和功能关系分成不同种类，就很容易得出答案。例如，一个属性的问题“MURF1是哪一类蛋白质”。

更广阔的范围中使得 MuRF1 成为一般性研究的代表，也就是说无论研究对象是什么，步骤是相同的。将特殊课题融入大背景之下被称为“获得归纳演绎空间”。

背景知识的必要性

建立一个更广阔的归纳演绎背景来提出首个实验性问题

是否一定要通过相关的已经得出了结论的课题，提出另一个特定的实验中的问题呢？读过 Robert Nozick[①]《哲学解释》的人一定会回答：是的。这样回答的原因是：在一个新的课题中光有经验是不行的。具有共同特点的两种事物 A 和 B 是有其不同之处的，认识到这一点，就能分析出“已知”和“未知”事物[②]的差别。另外，提出问题回答问题的过程利用了归纳演绎空间作为提出问题而非演绎结果的基础。

早期科学家不用“归纳演绎”的方法解决问题的原因之一是因为已往的经验难免有偏见，如果套用过来，恐怕会产生错误的结论。而“提出问题回答问题”的方法，恰恰是科学家们利用了以往的结论，对“未知”事物提出问题。只是提出问题，而没有在此基础上试图找到结论。这就是提问-回答方法和批判理性主义的“适当差别”。

在 MuRF1 这个例子中，科学家并没有根据已有的对蛋白质的整体了解去推测 MuRF1 的功能，而是提出了一个问题。得到结果后，科学家就会再次提问。如果这次问题的结果与前面问题的答案一致，这就是我们需要的模型——能够得到实验性问题的结论。这种利用特定发现建立模型的方法就是归纳法。

科学家如何处理全新的课题

如果科学家面临的是一个全新的课题呢？

在生物学领域，进行实验研究时，可以找到大量的相关数据。相反，完全找不到数据的情况不多了。考虑到这种自然状况，保证模型建立时获得全部信息是很重要的。分析其中状况有助于构建在实验框架里提出问题的归纳演绎空间。

遇到全新实验课题时，要建立一个“说明/分类/描述”的模式。当一个蛋白质被分离出来后，先确定这是什么东西。之后，会发现蛋白质特殊的功能。接

---

① “我相信即便是错误的解释也可以增加人们的理解，理论通过理解现象来说明它的一些方面”R. Nozick，1981。《哲学解释》，哈佛大学出版社，剑桥，马萨诸塞州。

② 例如，两种蛋白质开始和结束于相同的氨基酸并不意味着它们具有相同的功能。因此了解相似在何时有用、何时无关是很重要的。

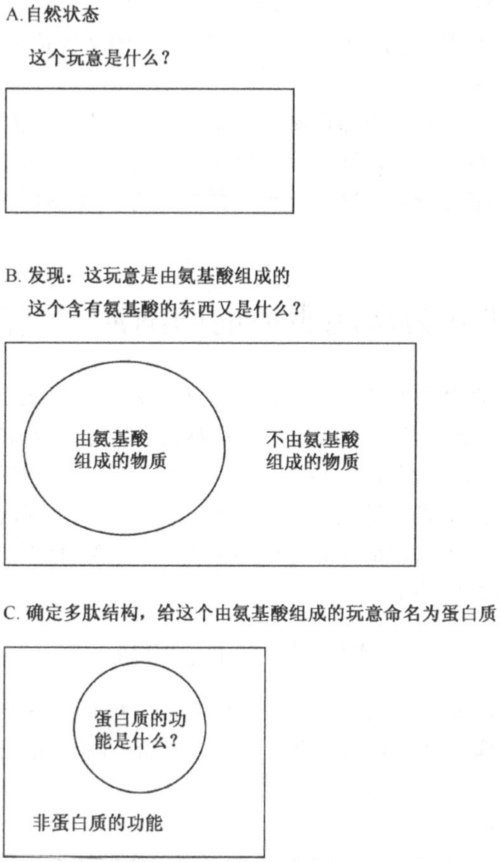

图 3　研究的对象如果没有可利用信息资源，就没有归纳演绎空间，也就没有方法可以将其归类了。因此，研究者必须先设计被研究物分类的基本实验（A）。研究出一些信息以后，假如了解到这个东西含有氨基酸（B），研究者就可以给它分类：氨基酸（C）。一旦发现其属于“蛋白质”类，就可以研究其功能及结构，发现与其相关的一些资料信息。这样的分类也可以排除非蛋白质类的物质。

着，分析与这些离散的功能相关的蛋白质结构。对一个全新课题的背景分析就需要花费几十年，才能够得出诸如“MuRF1 的功能是什么”这样问题的结论。

通过回答广泛的问题所搜集到的信息可以帮助构建第一个归纳演绎空间。在研究一些现有知识不足以证明存在的蛋白质时，有以下问题（括号内的问题是更加广泛的，可以不只限于蛋白质的）（图 3）：

1. 该蛋白质是由什么组成的？（未知物 X 是由什么组成的？）

2. 该蛋白质具有什么样的结构组成？（未知物 X 的结构是什么？）

3. 该蛋白质的功能是什么？（未知物 X 有什么作用？）

4. 该蛋白质的结构如何影响功能？（未知物 X 的结构是否与功能相关？如果是，那么是如何相关的？）

这些问题也适用于其他未知物质，例如，重力、光、物体、地球、宇宙、大气层、人体等。分析问题时，逐渐积累数据使其从结构到作用逐渐清晰，使科学家对其进行更加详细的研究。这一类研究都可归为“MuRF1 的功能是什么”这一课题。

建立为课题服务的归纳演绎空间

首先了解围绕框架性问题“MuRF1 的功能是什么”的背景知识。在了解“蛋白质的结构和功能是什么”以及建立模型之前，是不可能提出“MuRF1 有什么功能”这种问题的。我们应该意识到：“MuRF1 的功能是什么”是“蛋白质的功能是什么”这个更广泛的问题的子集（图 1）。虽然后者适合于建立真正的实验课题，但是它可以帮助建立与课题相关的归纳演绎空间，也能说明一个问题可以是另一个问题的子集。

未知对象和相异对象

现在，把“MuRF1 的问题”推而广之，在广泛的领域中应用。在“MuRF1”中，科学家并不是从一个“事实”开始，而是在一个知识库中进行研究。比较以下两个框架性问题：

1. 象鼻子的功能是什么？
2. 来自外太空的外星人所拥有的像象鼻的结构有什么样的功能？

在回答第一个问题之前，科学家不需要在大象这个实体之外再进行额外研究，因为一切都很明了。人们知道大象具有一个心脏、一个肝脏、一个大脑、一张嘴，以及鼻腔通道及血液等。而象鼻所处的位置非常接近于某些已知功能的器官——嘴和鼻腔（图 4）。因此，包含象鼻问题的归纳演绎空间已经存在了。

然而对第二个问题设计实验的时候，研究者需要完成过去几百年中人们对大象或其他生物进行过深入的各方面的研究，才能够建立回答问题的背景。尽管第一个实验完成之前无法建立可以代表象鼻功能的模型，但相关的知识还是很需要的——因为通过这些，科学家才可以提问。

回到实验课题和最初的问题

既然已经建立好了归纳演绎空间，科学家就可以回到“MuRF1 的功能是什么”这个最初的问题上来了。下面，利用 MuRF1 的性质来举例说明科学家如何

图 4　这张卡通图展现了归纳演绎空间的必要性。假设一个研究者是不知道象鼻的功能的，也就是说，象鼻的功能是未知的。但只要他知道象的其他器官的功能，需要的背景知识就是充足的了。例如，由于它处于鼻子的位置，研究者就可以问：它是否具有普通鼻子的功能呢？这种利用已有知识并把它延伸到更广泛的知识领域中的方法叫做归纳推理。本书所推崇的不是利用归纳法来建立新的理论，而是提出问题。只有通过回答问题和通过实验检验其正确性，研究者才能够成功建立研究象鼻功能的模型。和大象的案例相反，如果一个类似象鼻的器官存在于外星人身上，而外星人的背景知识我们了解得不多，只有通过了解更多更基础的问题，研究者才能够建立起足够的背景知识库来回答这个类似象鼻的器官是干什么用的问题。

从最初的分类性问题发展到具体的实验性问题、结论以及模型。

在已知背景下提出的将 MuRF1 归类的首个问题是：

MuRF1 是否与已知功能的蛋白质相似？

这个问题可以用生物信息学的方法解答，利用 BLAST[①] 对 MuRF1 进行序

① BLAST 是 Basic Local Alignment Search Tool 的缩写。可参考 http://www.ncbi.nim.nih.gov/BLAST/.

列比对，科学家可从中获得成百个和 MuRF1 具有相似结构的蛋白质。

科学家阅读了大量的关于蛋白质的文献，了解到其中许多蛋白质都属于一个叫做“E3 泛素连接酶”的家族。这些蛋白质可以通过促使一种叫做泛素的小肽大量连接到蛋白质底物从而引起其分解。一旦四个以上的泛素分子结合到一个蛋白质上后，这个蛋白质就会被叫做蛋白酶的大分子水解。

迄今为止，依据序列比对，“MuRF1 是否与已知功能的蛋白质相似?”的问题得到了答案:“是的，MuRF1 与 E3 泛素连接酶相似”。至此，科学家们无论是用提问-回答方法还是依赖批判理性主义的理念，都不能了解 MuRF1 作为 E3 泛素连接酶的作用。知道 MuRF1 与 E3 泛素连接酶有相似之处不足以真正了解 MuRF1 的功能①，为了了解这些，科学家还需要做实验。

关于 MuRF1 的更多更细节的结构性问题（相对框架性问题而言）出现了。先研究蛋白质结构。MuRF1 可以在结晶后用 X 射线确定分子结构，同时利用生物化学知识进行分析，比如检测它与哪些蛋白质结合。所有这些研究都帮助科学家一步一步深入了解 MuRF1；这些研究的最终目的是了解哪些蛋白质与 MuRF1 具有特别的共同之处。

第二阶段的审视功能问题

在得知从结构角度上 MuRF1 和 E3 泛素连接酶相似后，下一步要做什么就很明了了。科学家如果按照批判理性主义的理论，下一步将是得到结论: MuRF1 是一种 E3 泛素连接酶。在这个例子中，我们可以看到归纳法是如何渗入到批判理性主义中的。具备了一定知识理论指导后，才能够提出第一个假设②。在提问-回答框架中，一个新问题出现了:

MuRF1 是否与 E3 泛素连接酶的功能相同?

注意，在这里只能回答“是”或者“否”的二元问题。它与“天空是红色的吗?”这种问题的性质不同，前一个问题（MuRF1 的功能是什么?）的作用类似于“天空是什么颜色的”这种概括性的问题。因此，检测 MuRF1 是否起到 E3 泛素连接酶的作用不会阻碍其他范围的研究。

进行功能性实验并利用实验数据建立模型

新的子问题是“MuRF1 是否具有与 E3 泛素连接酶相同的功能?”为了解决

---

① 这还是一个值得探讨的方面，它说明了归纳和演绎的区别。例如，如果有 100 万种蛋白质含有问题中分析的这种结构域，所有拥有这一结构域的蛋白质都具有 E3 泛素连接酶的作用，人们就可以推断，这一结构是该功能的必要条件。然而，即便是在这个例子中涉及 MuRF1，仍需要实验来证明这一推断。

② 如果你怀疑这一点的话，就问自己这个问题：在了解结构方面的信息之前，推测 MuRF1 功能的假设会是什么呢?

这个问题，科学家设计一个检验 MuRF1 是否具有 E3 泛素连接酶活性的实验。有一个细节读者要了解，那就是许多 E3 泛素连接酶，除了可以泛素化[①]其他分子之外，还可以泛素化自身。由于科学家尚不知道 MuRF1 的具体受体，因此第一个实验就是要检测 MuRF1 在合适的条件下是否可以自泛素化[②]。

假设这样的实验已经进行，MuRF1 被发现在实验中确实发生了自泛素化。科学家就能够在“MuRF1 具有什么样的功能”的项目中得到第一个功能性结论。在这里，我们重新审视在第 4 章中提到的四个步骤：

1. 确定一个实验课题。
2. 提出一个问题。
3. 得出结论。
4. 通过实验质疑这个结论是否精确。

现在，这个步骤变成：

1. 确定一个实验课题。
2. 提出一个广泛的问题来定义实验课题的框架。
3. 提出一个子问题来定义一个具体实验的框架，以获得与上面提到的广泛问题的答案。
4. 得到子问题的答案。
5. 通过实验质疑这个结论是否精确。
6. 利用答案来建立模型。
7. 提出新的子问题。

至此，科学家研究的目的比较清楚了。现在我们重新提出：

MuRF1 是否具有与 E3 泛素连接酶相同的功能。

这一步的答案是基于已有数据的。因此，科学家对于第二个问题的答案是存在期望的。这一步的主要优点在于对答案的期望是基于已有数据的。而且，实验是在还没有数据时设计的。因此，需要重点提出的是，在实验的重复过程中，需要使用完全一致的方法。只有如此，科学家才能够相对独立地得到相同结论，从而确保结果的一致性。了解了这些，我们可以将程序进一步写成：

1. 确定一个实验课题。
2. 提出一个广泛的问题来定义实验课题的框架。
3. 提出一个子问题来定义一个具体实验的框架，以获得与上面提到的广泛问题的答案。
4. 得到子问题的答案。

---

① 泛素化是指将泛素结合到其他蛋白质的过程。

② 相关的实验设计和对照将在以后章节具体讨论。

5. 使用相同的实验方法，通过实验质疑这个结论是否可以代表问题的答案来检验这个结论是否精确 。

6. 利用答案来建立模型。

7. 提出新的子问题。

科学家提出了相同的问题“MuRF1 是否具有与 E3 泛素连接酶相同的功能?”，并用相同的实验方法重复实验。最终确实得到“是的，MuRF1 具有与 E3 泛素连接酶相同的功能”。

建 立 模 型

只有经过多次重复实验的成功，“MuRF1 的功能是什么?”的模型才能够建立。现在这个合理的、基于实验数据的结论可以用于绘制模型的蓝图。

“MuRF1 具有与 E3 泛素连接酶相同的功能”这一结论并不意味着它是不可动摇的，它只是基于已有数据和实验方法来说它是精确的，而这些实验方法一旦与新的结论不一致，是可以被修正的。

将结论转化为统一化的模型

实验性结论“MuRF1 具有与 E3 泛素连接酶相同的功能”，对于了解“MuRF1 的功能是什么?”是有帮助的。所以科学家提出一个模型：

MuRF1 具有与 E3 泛素连接酶相同的功能。

由于目前结论是唯一的，所以模型的结构与这唯一的结论完全一致。

新的结论可以促使科学家专注在归纳演绎空间上——它可以催生新的问题

现在科学家要提出第二个问题来解决“MuRF1 的功能是什么?”的问题。“MuRF1 是否具有与 E3 泛素连接酶相同的功能”的结论是得自于其他蛋白质的数据以及 MuRF1 与已知蛋白质的比较，归纳法的基础[①]就建立起来了。

“MuRF1 具有与 E3 泛素连接酶相同的功能”模型建立后，我们注意到，MuRF1 的归纳演绎空间仍模糊不清。虽然有一个巨大的关于蛋白质结构和功能的知识库，有大量的数据，但从中无法获得对于任何蛋白质都适用的数据。在得到关于 MuRF1 功能的第一个结论后，科学家就可以利用其他已知的 E3 泛素连接酶来提出下一个问题了。

---

① 支持提问-回答方法的是 MuRF1 与其他 E3 泛素连接酶的相似之处可以用来设计一个需要实验来验证的问题。然后，数据积累足够时就会得到一个概括的结论。

E3的数据组成了由所有蛋白质的数据组成的更广阔的归纳演绎空间（图5）。而这个新的归纳演绎空间将课题纳入了一个重点内容。这就像从1000英尺外和从月亮上看纽约市一样，很明显这两个距离看到的纽约是不一样的。以此类推，当归纳演绎空间集中在一类特殊的蛋白质中，如E3，而非全部蛋白质时，提出新问题就容易了许多。

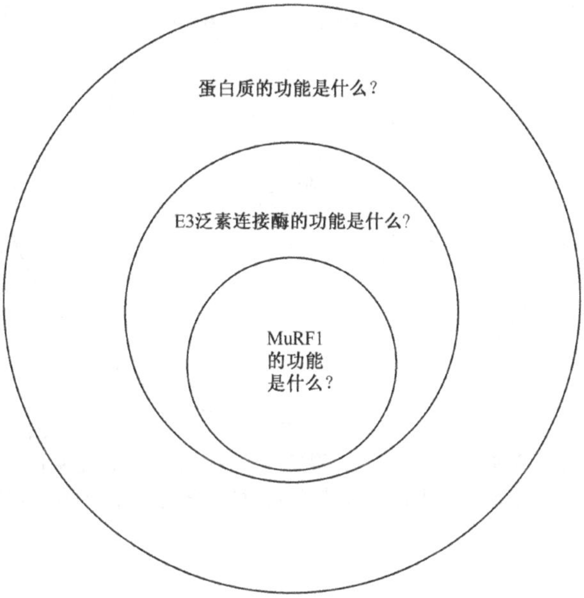

图5　一旦确定MuRF1属于E3泛素连接酶的亚类，那么它属于归纳演绎空间的蛋白质一个很小的部分：E3泛素连接酶。这一结果能使研究取得更快的进展。现在，他们可以把重点放在一个与E3连接酶相关的相对较小的范围中来搜寻研究它的线索。然而要注意，这时的研究仍是处于一个范围很大的蛋白质集合中。因此，如果发现它具有E3泛素连接酶以外的功能，也可以查询相关的数据。

较小的归纳演绎空间是加快实验进程的入口，但也可能造成科学家漏过重要发现

已知的有关E3的知识，提供了这类蛋白质较为概括的信息，并帮助科学家提出了与MuRF1功能相关的问题（图6）。举个例子，所有已知E3类蛋白质都会造成蛋白质沉淀物的泛素化。其中有两个这类蛋白Skp2和MDM2都可以与其沉淀物发生物理作用、同时结合其他蛋白质以催化底物发生泛素化（图6）。

了解了两个Skp2和MDM2的功能后，关于MuRF1的新问题很自然就产

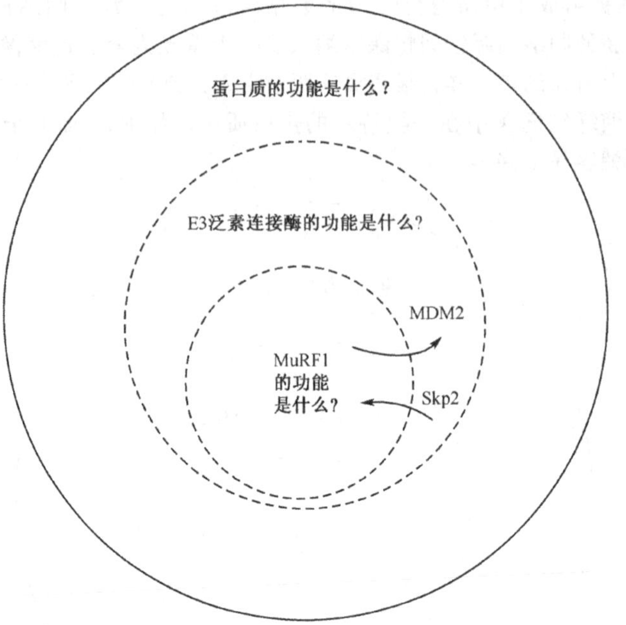

图 6　科学家提炼归纳演绎空间的时候，得到的信息少了，但更直接了。例如，一旦知道 MuRF1 属于 E3 泛素连接酶，其他 E3 泛素连接酶的信息就可以被利用。这样一来研究速度就快多了。

生了：

MuRF1 的底物是什么？①

这个新问题只是 MuRF1 的众多问题之一，它是在“①MuRF1 是一种 E3 泛素连接酶；②E3 泛素连接酶都拥有特定底物”这两个基础上突出了的。这样，归纳演绎空间和其模型的重要性就明显地体现出它们帮助科学家在探索未知的道路上加快了脚步，但同时，研究方向也就仅仅限于这个空间之中了。

将重点放在加速建立模型上，从应用角度来说对科学家至关重要，但不能否认，提问-回答的方法不是十分科学的方法。批判理性主义为什么被否定了？就是因为它仅仅利用了有限的经验。就像纽约科学家不愿意承认另一位纽约人提出的从哥伦比亚大学走到卡内基音乐厅的路线一样，那么科学家也同样可能使 MuRF1 功能模型成为更新更深研究的障碍。用另一句话讲，“MuRF1 具有与 E3

① 严谨的读者可能会指出，这个新提出的问题含有一个未被证明的推断，就是 MuRF1 确实含有亚基。可以通过分析基因组所有蛋白质来表明 MuRF1 根本不含有亚基，然而，需要认识到的是，即便 MuRF1 没有亚基，也可以得到问题的结论。

泛素连接酶相同的功能”模型一旦成功建立，科学家是否就不再尝试检测MuRF1不同于E3活性的功能了呢？

检查一下这个模型（“MuRF1具有与E3泛素连接酶相同的功能”）的结构：这是一个描述性的句子，如果认为它排除了MuRF1具有其他功能的话，是非常不完整的。因为模型的另一个特点：它不是排他的。现在，框架的重要性就更加体现出来了。框架性问题（“MuRF1的功能是什么?”）可以避免科学家被模型屏蔽（图6）。在这个例子中，它意味着已知蛋白质的全部数据以及功能模型。

现在，科学家已经建立好了第一个模型，并成功从广泛的问题深入到一系列具体的问题上，这些问题可以使工作重点放在一个特定的环境里，从而快速获得新的实验数据。

7 为实验建立模型

前面几章的重点是解释为何要进行特定实验，以后实验设计的话题将成为本书剩余部分的主体。也就是说，现在科学家可以开始具体的实验设计了。

我们来看之前提出的“天空是什么颜色的?”这个框架性问题。为了回答这个问题，需要建立一个实验系统。举个例子，科学家可以通过提出二元性问题来寻找框架性问题的答案，例如，研究观测每一种可见光[①]的可能性。首先，科学家要保证使用的仪器能够测量这些颜色，要有办法发现有关的颜色未被测量到[②]。因此，科学家在将测量仪器指向天空之前，必须要证明测量的结果是合理的。可是，这个被称为“建立系统”的过程往往被很多实验室忽略。要知道，这个过程对于保证实验项目的成功至关重要。就好像，如果不先检测一下试剂是否如广告所述[③]的那么有效，科学家怎么能保证由这种试剂得到的结果是正确的呢?

假如，一位女士独自驾车在标有 100km/h 的公路上行驶。她尽量按要求行车，车速在 100km/h 以内，但被一位警察拦住了，测速雷达显示女士的车速是 115km/h。当警察告知她超速时，她拒绝承认，因为她的仪表上的显示并非如此。在这里，女士和警察使用了不同仪器，测出了不同的数据。于是，我们应该问，汽车究竟开得多快?

下面论题就来自这个例子：

1. 不同的测量方法会得到不同的结果。
2. 使用一个可靠的参照系是检验某个方法是否正确的唯一途径。
3. 核查项目的需求，决定了对照的需要。

多数科学家把对照作为每一个实验的必备项目，把它作为理解数据提供必要对比的方式。在进行第一个实验之前，一系列精确的对照就应该准备好，以便于检测数据的可靠性。为了弄明白这一点，我们还用上面那个例子，这次假设警察

---

① 这样科学家就进入了从其他测量出颜色的情况中获得的“归纳演绎空间”，以及什么是颜色、什么是可见光光谱等。这些都作为“背景”，已有知识的存在是需要被认识到的，因为这些是实验方法的基础。

② 这一需求将在本章中解释。

③ “相信或者怀疑，以及要相信需要什么来保障”的课题，是一个“很大”的题目。科学认识论是基于经验主义（它本身的基础是相信所看到的事物）的。如果对于“相信还是怀疑”这一哲学问题感兴趣，可参考 Robert Nozick 的《哲学解释》，哈佛大学出版社，剑桥，马萨诸塞州（第 3 章）。

没有出现。这位女士如果没有遇到其他人，她会毫不怀疑自己是以 100km/h 的速度行驶，因为汽车仪表就是这么显示的。世界上，没有哪个司机会怀疑自己的车速与仪表显示的不同。然而，对于一个科学家来说，光有仪表的读数是不够的，必须还要再有一个方法来检测仪表读数是否精确。

测速雷达是否就是检查车速的另一种手段呢？在这个例子中，测速雷达和汽车仪表一样是不可靠的。

在公路上，警察就是驾车者的对照，他的作用就是保证没有汽车超速。尽管他被定义为对照，但如果他的仪器不精确的话，他就是不合格的。对照是为数据提供参照的标准。为了起到这个作用，对照本身一定要精确，从而整个系统才可靠。

“对照也并非百分之百的准确”这个理论说明了，在没有确保试剂是按照说明书上说的那种作用的情况下，系统很可能会产生的问题。如果警察使用了没有校准过的测速雷达，那么很多驾车者都会因误判为超速而接到罚单。另一方面，如果汽车仪表不准，驾车者的驾驶速度高于仪表所显示的，那么对仪表的误信就会使司机处于危险之中。

如何使仪表变精确？例如，可以在赛道上一米一米地确定一千米，再用精确方法复核。然后，让汽车开过这个精确的“一千米”并计时，计时器就可以被用作核对汽车仪表的仪器了。这时，有人可能会问了：计时器可信吗？注意，合理的怀疑和过分的不信任要区分开。在实际操作中，即在实验室里，对没有建好的系统（例如，一些新建的试剂、抗体或者 DNA 探针等）进行验证是很必要的，就像校准天平和计时器一样。确实有“无对照的仪器”造成实验数据变化的情况。例如，不同品牌小指管中的塑料的不同都可能影响 DNA 的转染效率。一个小心的科学家总是会把小细节考虑在内的。

一旦仪表精确了，就可以用来校准测速雷达。测速雷达准确了就可以用于测量那些仪表尚未被检测的汽车车速——测速雷达就起到了对照的作用。了解了这些，读者就明确了建立实验系统的困难性和合适的实验系统对合理的数据结果的重要性。

实验的对照

对照是科学家用来证实实验结果正确性的工具。不过，惯例规定，对照是既非阳性又非阴性的。

阴性对照

阴性对照是为回答问题而建立的一个“非某某”的参照系。例如，对于“天空是红色的吗？”来说，需要的是一个“非红色”的物体来构建阴性对照。在本例中，科学家需要“能够监测出非红色情况 ”的系统。因此在“非红色”的情况下进行测量很有必要。将“非红色”量化，从而使科学家通过与阴性对照的比较来正确判断阳性结果的数目。

为了进一步理解，我们回到第 2 章。在那种情景中，仪器所能够读出的红色是否存在呢？彼时，科学家能够得到“红色”这一阳性结果，却不能够意识到“非红色”才是普遍情况。

测量“非红色”的需求以及正确理解这一结果举例说明了“阴性”和“阳性”两个对立的词，不过这已经超出了本书的讨论范围。现在只需明白，不只是“是 X”（X 是研究对象）参照系很重要，同样“非 X”参照系也一样重要。

关于阴性对照的讨论将在第 12 章详述。现在通过一些实验介绍理论。在这种情况下，科学家一定要设计出合适的阴性对照以确保仪器或试剂的精确性。

假设获得一种叫做“M-cadherin”的蛋白质的抗体，这种抗体是为了“检测 M-cadherin 在哪些组织中存在”。许多研究人员可能会看着产品目录购买一种适于它的抗体用于实验中，用这种东西去确定哪些组织的抗体反应为阳性。这些研究人员默认他们购买的抗体：①结合 M-cadherin；②不结合其他蛋白质。

我们来观察一下上面两个假设，并思考，任一假设是错误的，将会发生什么情况。如果第一种情况“抗体可以结合 M-cadherin”是错误的，那么那些“阴性”的结果可能并不可靠。科学家用这种抗体将不能够检测出哪些细胞或者组织表达 M-cadherin，因为他们使用的抗体无效。

第二个假设是说抗体不结合其他蛋白质，也就是说，这种抗体对 M-cadherin 特异。如果这个假设是错误的，那么阳性结果就是不准确的了，因为科学家不能够确定阳性结果是真正他们感兴趣的结果。

因此，在科学家使用他/她新购进的抗体进行实验前，一定要先问问：

这个系统正确吗？

在 M-cadherin 抗体的例子中，问题具体为：

M-cadherin 抗体有效吗？

然后科学家可以进一步再问两个问题：

1. M-cadherin 抗体可以识别 M-cadherin 吗？

2. M-cadherin 特异性地只识别 M-cadherin 吗？

M-cadherin 抗体可以被认为是检测 M-cadherin 的一个“系统”。为了证实这一抗体的有效性，以上两个问题都需要回答。为了知道抗体是否识别 M-cadherin，有几种不同的技术可以使用。最直接的方法就是看抗体是否可以结合纯化的重组 M-cadherin。这本身成为一个完整的实验，自己带有阴性对照——它的阴性对照就是不加 M-cadherin 的实验组。科学家就可以做这样一个实验：一组什么都不加，一组加入 M-cadherin，看它们是否与抗体结合。

为了研究抗体是否对 M-cadherin 特异，需要更复杂些的实验。“黄金法则”是用抗体来检测所有非 M-cadherin 的蛋白质。理论上这是可能的，因为如今可以获得某些基因缺失的动物。例如，构建“某个器官不表达 M-cadherin”的动物作为完美的“阴性对照”，因为在这一组织中发生任何的交叉反应都证明抗体是不够特异的。

当然，科学家并不是总能得到完美的基因动物来验证试剂的，但可以通过其他方法检测组织，如 mRNA 分析，来寻找不表达 M-cadherin 的细胞，并用这种细胞检测抗体是否特异。这种细胞作为阴性对照，还可以将细胞转入编码 M-cadherin 的基因来检测抗体特异性。

确保系统合理性的阳性对照

在以上那个检测 M-cadherin 抗体的例子中，阳性对照是重组 M-cadherin 蛋白。科学家知道它的存在，它是被生产出来并经过纯化的，可以进行测序以确保它的确是 M-cadherin。

想象一下没有阳性对照的实验。科学家使用不表达 M-cadherin 的细胞作为阴性对照证明了抗体不会识别其他任何蛋白质，用这一细胞作为与其他器官进行对比的参照。科学家使用这一抗体去检测所有样品，却可能没有检测出任何 M-cadherin 从而一致地得到“阴性结果”。

这样科学家很可能倾向于“M-cadherin 在所有组织中都丢失了”这一结论。然而，让我们把阳性对照加进去：除了阴性样本和其他所有样本，科学家再加入一组含有 10μg M-cadherin 的实验样品。科学家再次进行了检测，仍发现没有检测出任何 M-cadherin 来，包括阳性对照。现在对结果的理解要发生改变了——不再是“没有组织表达 M-cadherin”，而是“检测产生了问题”，因为他知道至少有一个样本是含有 M-cadherin 的。这就是阳性对照的意义所在：保证研究对象可以被检测到。

灵敏度对照

在阴性和阳性对照之间还有一些空隙。回到汽车那个例子，很明显汽车可以开到一定高的速度。因此，要研究问题“汽车究竟开得多快?”，科学家应该首先知道测速雷达是有一个灵敏度的。如果警察对时速达到 115km/h 的车开出罚单，但对时速 110km/h 的车却不惩罚，那么搞清楚测速雷达是否能够测出 5km/h 的速度差就很重要了。

这种情况引入了一个新的对照组——灵敏度对照组。在 M-cadherin 实验中，科学家恐怕不只是想知道哪里会表达 M-cadherin；他/她可能还希望通过抗体了解 M-cadherin 的表达量。例如，如果抗体只能够检测到 M-cadherin 浓度到 10μg/g 的组织，科学家就不能够了解较低浓度 M-cadherin 的表达情况了。这样，即便 M-cadherin 浓度高达 8μg/g，低灵敏度的抗体造成实验仍得出阴性结果。一旦科学家意识到这一点，就可能会用其他方法来浓缩蛋白质（如免疫共沉淀）。

阴性、阳性、灵敏度对照结合起来帮助科学家将系统最优化，这是进行成功的实验的必经之路。

8 设计实验

——定义、时间安排和重复实验

实验设计框架的思考以及对结果进行合理化分析的系统均已经完成，现在科学家可以翻开实验记录制定第一个实验的进程了。正如前文所述，实验是根据问题或假说来进行的。实验需要设计结果来建立回答问题的模型。在本章可以看到几个具体的实验设计。现在，我们还是使用“天空是什么颜色的?”来讨论如何设计实验，将前几章提出的哲学上的理论和它们在具体实验中的应用连接起来。

定义术语

再次考虑这个问题：

天空是什么颜色的?

为了回答这个开放性问题，科学家定义颜色为“可见光”。他/她制定出可见光波长的范围，对这一范围内每个可见光长度进行测量。通过定义可见光可以得到一个筛选系统——也就是特异地限制了实验的结果。无论这个筛选系统合不合适，它至少使实验者对产生结果的背景有所了解。换句话说，就是当回答“天空是什么颜色的?”时，读者知道科学家指的是“构成天空颜色的可见光是什么”[①]。

同样，科学家还要定义“天空”。例如，仪器是指向正上方还是指向水平线的?或是它从一个地平线旋转到另一个地平线。这些都影响着实验的结果。在这个实验中，科学家决定将仪器系统地旋转180°，将天空从一个地平线到另一个地平线都进行测量，但每次实验只确定一个点。

经过对术语进行定义，实验设计正式开始了。

---

① 虽然这在此例中似乎很明显，读者仍需要意识到，“天空是什么颜色的?”一例是作为其他实验的比喻而存在的，而在其他实验中，这个问题可能并不明显。许多科学家可能都没有意识到，他们对于属于的理解严重影响了他们对结果的理解。就像在本例中科学家选择的“可见光”，在其他情况中，科学家不可避免地会选择他们“看得见的”，可能在之后发现一些相关因子被忽略了——这些“之后的发现”成为重新理解科学论题的基础。

在实验中，客体需要在有代表性的条件中进行研究

当科学家将实验问题的专业术语或者假说转化为具体的实验后，下一步的内容将由“每一个具体事件”组成。当然，如果实验是在非典型或者非生理状态的方法下进行，得出数据是否有普遍意义就很值得怀疑了。

例如，在天空那个例子中，一如之前讨论的那样，归纳的信息可以帮助确定具有典型性的条件。我们知道，天空的颜色在一天24h内是不停变化的，我们还知道天空的颜色在不同环境条件下，例如，下雨和晴天时（甚至有时候在暴风雨后会有彩虹)，也各不相同。更有甚者，我们可以看到在天空不同的位置颜色也会不一样。这一归纳演绎空间（或者说已有知识）可以并且应当用于设计实验。

在获得归纳演绎空间（无论这个归纳演绎空间可不可以得到较为宽泛的结论）以后，科学家现在决定检测24h中的天空的颜色。注意，如果没有归纳演绎空间，科学家或许就会简单地用仪器指向天空仅仅5min。所以，一定要充分意识到已有知识对于实验设计的重要性。一旦归纳演绎空间改变了，实验设计和提出的问题都要重新考虑。例如，有一些行星一年中在非常短的时间内在夜空中肉眼可见。红色行星（如火星）是否影响“天空的颜色”，取决于科学家对这一问题的理解程度。

通过阐明“实验必须在与现实情况尽量一致的典型环境下进行”这一观点，我们再一次重申了定义术语的重要性。我们还认识到，我们需要在多个点中抓住研究对象，并正确理解哪些结果是“正常的”，正常的结果有多大的差异性，以及差异性要如何解释等。在这个例子中，改变具代表性环境的定义取决于科学家的归纳演绎空间以及它的演变。科学家越熟悉自己的实验系统就越能够设计出更好的实验。基于同样的原因，系统越被透彻地理解，结果和模型就越有限定性。在第一次提问“天空是什么颜色的?”时，直觉告诉我们答案是蓝色。随着时间推移，经过适当的实验，所有的隐忧和细小的问题我们终将理解。这些隐忧促使我们通过重新提出问题、理解问题和理解人们所认为的答案来进一步提高实验。例如，随着时间推移，“天空是什么颜色的?”这个问题可以包含以下子问题：“在2007年12月15日，当一个人站在某特定位置上，将测量工具举向与地平线成45°角朝火星的方向时，天空是什么样的肉眼可见颜色?”。如此高的特异程度恐怕会使想要得到一个泛泛的结论的科学家失望了，但这正是本书的要点——使想要得到广泛但与事实不一致的结论的人失望。

在这个例子中，我们假设科学家对于这个实验系统很陌生，唯一能够了解的信息就是天空的颜色在一天中是持续变化的。那么科学家对实验设计的下一个结论就是：最初的实验需要延续24h才能够明晰什么是具有代表性的样本。

时间进程和重复实验

科学家决定测量天空的颜色，并将仪器架在一定的角度测量 24h。他/她随后又决定每 5min 测量一次——是通过再次参考归纳演绎空间最终做出的这个决定。科学家意识到每当黄昏和黎明，如果每小时才测量一次，很容易错过颜色的变化过程。但很明显他不能持续不断地进行测量（如果结果需要统计学分析的话，几近无限的次数会使实验极端困难）。这种重复的测量叫做时间进程，可以用于了解任何特定的点上的测量是否具有代表性，以及在不同的条件下系统会不会发生基础性变化。结果，系统并不是完全一致的。例如，如果天空在某一个点是红色的，而另一个点为蓝色，科学家就得解释这个复杂状况。根据一些相关定义，像日出时天空为红色这样的结果就可以去掉。而在其他例子中，所有数据都同等重要，任何特殊的结果都是值得庆祝的。

注意一下我们对已有知识的反复参考和“当我们提问时尚无法知道结果”这一事实，这都是很实际的情况。因此，确定在何时何地测量和测量方法后，要考虑到在特定时间、特定地点天空的剧烈变化是非常容易被错过的。所以，科学家在获得与实验系统相关的新数据后对同样的问题重新提出时，要统筹考虑设计实验所需要照顾到的地方以及最终的结果。

虽然统计学不是本书的重点，但是它的存在不容忽视。就像之前提到的，正确使用统计学非常有用——限制住实验使之能够产生代表实际情况的数据（可以帮助科学家建立预测系统将如何运行的模型）。

统计学的好处是帮助科学家对实验得出的特殊结果不止一个结论。当然，这种“重复”与时间进程不同。下面就是进行重复实验的例子：假设科学家想要检测某种药物是否可以减肥，于是他/她将实验实施到许多不同的人身上。如果有 1000 人参加了药物实验，1000 人只服用安慰剂。每组有“1000”个重复可供统计学家来判断效果。

当检测天空颜色的时候，每 5min 就进行一次的复杂测量提供了在当时具有统计学意义的数据。需要再次重申的是，清晨 6：15 的测量值和 6：00 的值不是重复的。例如，如果天空在 6：00 时黑色的，到了 6：15 就变成红色了（因为太阳开始升起来了），但 6：15 的测量并没有使 6：00 的结果失效。这两个时间的颜色差异使科学家的回答复杂多了。例如，“天空是什么颜色的？”这一问题就可以集中在每天清晨 6：15 这一个点上。如果连续测量一周，在这一点上就会有 7 个重复数据了。

重复实验和时间进程是如何影响“答案”的

在时间进程实施之前，科学家已对“天空是什么颜色的?”预言了一个简单的答案。随着时间进程的发展，科学家发现天空不只是一个颜色；相反，它在时时变化着。因此，科学家不能仅仅给出一个简单的结论来。而是，需要建立一个适应这些数据的新模型，这一模型要能够表现天空颜色的变化。如果天空的颜色在清晨6：00和在清晨6：15时是不一样的，不会使得6：00的结果是错的。如果在第二天，早晨6：00又测量了一次，而结果与第一天不一致，这说明6：00时天空的颜色是不固定的。假如科学家发现，2005年2月23日早6：00的测量值与2005年2月24日早6：00完全不同，而是与2006年2月23日早6：00一样。那我们就应该想到：实验在完全一致的条件下重复也是非常困难的。这个例子也说明了在做“真正的重复实验”时，尽量让实验在大概一致的条件下进行的重要性。

决定单个实验的规模以决定如何建立其实验的重复性

实验进程决定这个实验24h内每5min进行一次测量。为了使结果可靠，需要再次进行一个独立的24h测量。

为什么需要重复实验?如果仅仅检测了一整天，科学家就只有一个完整数据可分析。虽然这个数据可以帮助人们认识这一天中天空颜色的变化。但是却不能保证被选中的这一天是具有代表性的一天。从而不清楚这一天每5min一次的测量是否可以代表该处经常发生的情况。“典型性”或“代表性”需要参考统计学；只有一天的测量，是没有足够的数据来确定平均数的标准差和标准误，来保证统计学意义，科学家是不可能知道这一天是否具有“典型性”或“代表性”的。

知道了多种测量对于统计的重要性，科学家决定每周测量1天。一如我们讨论的，由于问题的复杂性，这可能不是“最好”的决定。所以在第一个实验中，科学家决定先测量整整一周时间。

到目前为止，在实验的设计过程中，做出了多个决定：

1. 测量在一定波长范围内的可见光。
2. 每次测量仪器都指向同一个方向。
3. 在一定时间内（24h）对天空进行实验。
4. 在实验的时间内每隔固定的时间（5min）进行一次测量。
5. 重复时间进程（连续7天）以获得具有统计学意义的足够多的数据。

在这一周的末尾，科学家就能够做出判断：天空的颜色在各个时间点是否是连续的（例如标准差和标准误是大是小），以及在不同的时间点是否有显著性变化。既然关于如何回答这些问题的初步决定已经做好，科学家就需要使用相关的对照，让未来的测量产生“精确”的结果。

系统验证和对照积累

为这一类实验服务的对照类型将会在以后的章节里统一化。现在，我们基于不同的实验需求介绍一下各种类型的对照，使读者看清楚实验的需求是如何“创造”各种类型的对照的。首先，科学家要先有一个“仪器对照”来保证相应的波长是可以被测量到的（第 7 章）。简略地说，让仪器去测量各种光的阳性对照。其次，科学家还要保证天空确实是被测量到了；这需要简单的观察和一个仪器在接受天空数据的阳性对照，哪怕还没有特定的光线被测量到。例如，如果仪器打开到“棕色”档，却没有“棕色”被测量出来，这时弄明白仪器是否损坏就很重要。对照可以是对“蓝色”或者“黑色”的测量（因为多数情况下天空是这两个颜色的），通过这样的对照可以了解系统是在运行着的。第二个阳性对照，为了证明系统可以测量棕色——可以使用系统来测量一个已知是棕色的物体。

注意只有在正确理解了系统之后才能做出对于这些特定对照的选择。事实说明科学家对问题了解得越深，实验就越有内容。拥有越多信息，科学家越能够确定合适的对照来保证新数据的搜集。对这一点的理解要与批判理性主义相区分，批判理性主义者反对“用过去的经验可以预测未来”这一观点——他们认为“事情是会变化的”。他们认为像重力这种人尽皆知的事物，也没有办法保证在未来同样存在。这一论点就是卡尔·波普尔提出以下假说的原始动力：利用已有经验来预测未来是不可能的，说一件事情还会再次发生这一观点也是不正确的。然而，“自然的法则”却是，观测事物现在的状况可以预测它将来的发展，这一哲学问题将在第 9 章具体论述。现在，重要的是理解阳性对照适用于事前验证实验反应试剂的有效性，而这一试剂确保了实验的有效性。

对实验对照的选择，最初实验的清单是很有用的，这样便于将对照安插在每个重要的时间。下面就是科学家进行实验 1 的清单，其中列出了方法和对照。

1. 测量在一定波长范围内的可见光。每一个特定波长的光都要有一个阳性对照，使用已知具有该颜色的物体确保仪器测量出这一波长。每个测量都要有一个阴性对照，使用一个已知不含有该颜色的物体来保证仪器不会做出错误的报告。仪器的完整性保证它随时都可以测量出蓝色、黑色和红色。如果在某一时间点仪器没能测出其中任何一种颜色，这一时间点要作出标记，因为该处需要检查。

2. 在每次测量时仪器都指向同一个方向。要测量和记录与地平线的夹角，例如，仪器被置于测量与地平线成45°角。在未来的一周中都要保持同样的位置。作为对照，仪器的方位需要利用地标进行三角测量。

3. 在一定时间内（24h）对天空进行实验。需要计时器来定时24h。作为对照，科学家可以利用网络确认时间的准确性。

4. 在实验的时间内每5min进行一次测量。需要每5min就提醒的计时器。作为对照，科学家仍旧可以使用网络。

5. 重复时间进程（连续7天）以获得具有统计学意义的足够多的数据。在每天的最后，科学家需要记录并在日程表上打钩。

收集并分析数据，诠释首个实验

科学家在24h内每5min在特定的点测量一次天空颜色，并重复测量7天。在这周的末尾，科学家将每个时间点的颜色进行列表，获得的数据如下：

	07.01.01	07.01.02	07.01.03	07.01.04	07.01.05	07.01.06	07.01.07
清晨6：05	黑色	黑色	黑色	黑色	黑色	黑色	黑色
清晨6：10	黑色	黑色	黑色	黑色	黑色	黑色	黑色
清晨6：15	黑色	黑色	黑色	黑色	黑色	黑色	灰色
清晨6：20	黑色	黑色	黑色	黑色	黑色	黑色	灰色
清晨6：25	黑色	黑色	黑色	黑色	黑色	灰色	灰色
清晨6：30	黑色	黑色	黑色	黑色	灰色	灰色	红色
清晨6：35	黑色	黑色	黑色	灰色	灰色	红色	蓝色

6：05和6：10的数据没有区别，但晚一点的时间点都发生了变化（即日出发生时）。科学家可以从以下几个方面理解数据：

1. 数据显示，在不同时间点可以观察到天空的颜色有若干种。

2. 数据显示，天空的颜色随时间推移而变化，从黑色到红色再到蓝色。

3. 数据显示，天空在清晨6：05～6：10一直是黑色的，直到6：25，黑色作为天空的颜色仍具有显著性意义。6：25以后，天空的颜色就不再固定了。

其实在这个实验中，只有第三个结论是“合理的”[①]。让我们来更仔细地看看前面两个结论：

1. 数据显示，在不同时间点可以观察到天空的颜色有若干种。事实上，从统计学的角度看，是得不到这样的结论的。在这个数据集合中，蓝色仅仅被测量到1次，红色仅2次。既然这个数据和其他的6：35得到的不一致，又没有其他

① 很难将合适的背景放进来，因为解释统计学是在本章内容之外的事情。然而，对于当前这个例子，假设数据显示，天空从清晨6：05～6：25是黑色的具有显著意义，没有其他颜色可以足够显著。

数据可以证实它，科学家怎么能说在2007年1月7日清晨6：35测量到的蓝色是正确的呢。让科学家证明2007年1月7日清晨6：35的天空确实是蓝色的唯一办法就是在该时间点进行了若干次测量或者测量是连续进行的。然而，这并没有被设计到实验中去。红色的结果同理——在本实验中这些数据远远达不到统计学意义。因此，即使科学家测量到了一次“蓝色”，由于在不同日期的同一时间点进行测量并没有得到“蓝色”的结果，“天空的颜色”答案仍旧不能是“蓝色的”。

不过，“蓝色”的结果也不必完全丢弃。科学家恐怕已经注意到天空的颜色在以一个明显的趋势发生着变化，这一点将可能组成一个新问题的基础。

2. 数据显示，天空的颜色随时间推移而变化，从黑色到红色再到蓝色。科学家也许是想要得到这样一个结论的。但以下几个原因说明它的不合理性：第一，基于上面提到的原因，科学家不能够确信“蓝色”和“红色”的结果。第二，这一结论不能够对应到“天空的颜色是什么？”这一问题上。在追寻“天空的颜色是什么？”这一问题的答案的过程中，科学家观察到了天空颜色的变化，从而认为天空的颜色可能是不固定的。一种有规律的转变每天都在发生，并在这一周中推移（随后科学家还可能知道这一推移是以年为单位而有规律的）。这些发现引发了一个令人兴奋的想法——“随着地日相对位置的变化将会发生什么”的模型。然而，仅仅通过这点数据或者仅仅将想法转化为模型是不行的，必须要有提问、具有统计学意义且重复的数据。

在验证假设的框架中，科学家可以利用上面的数据来阐明一个假说——天空的颜色从黑色变为红色再变为蓝色，而开始变化的时间随日期的推移而不同。这一新假说需要新的实验来验证。

由此我们发现了统计学如何帮助我们建立一个站得住脚的结论，问题或者假说是如何限制科学家去得到与框架一致的结论，以及如何区分希望得到的结论和通过数据可以引出新项目的结论。即便科学家非常聪明，能够从首个实验就得到天空颜色随时间变化的全部情况，在精密设计的实验的数据得到充分重复而变得合理之前，仍不能够将推理纳入模型。因此，需要新的项目，例如，“天空的颜色会变化吗？”，并再次测量一周来看是否得到相同的结论。如果这样，科学家需要进行多次同样的试验，直到天空从黑色到蓝色渐变以及日出时间的变化被数据证实。只有这样，科学家才能够将那些结论放到模型中去。

没有反复进行“天空是什么颜色的？”研究，对一小部分数据的简单研究可以得到这个问题的以下几个回答方式：

1. 在一个特定的时间点——给出这个时间点的范围。

2. 对于特定的一天，通过重复实验，给出最常见的颜色（如果科学家不能够用这个方式，永远都得不出结论）。

3. 作为一个完整的数据报告，给出全部数据集合作为答案。

以上几种处理数据的方法看起来都很合理，但读者要明白，使用方式 1 的话，得到的答案可能会是“蓝色”或“黑色”——仅在一定时间是正确的。而用方式 3 得到的结论将可能非常复杂。虽然对于给出的数据很难指定一个“最佳”回答方式，仍可以说，更好的方式是给出与问题的理解相一致，且最能够代表数据集合的方式。

9 将模型合理化

——预测未来的能力

在人类历史的早期，那些能够预测未来的人被称为“巫师”或者“术士”。随着经验主义科学的发展，人类意识到确实存在着“自然的法则”，而意识到这一点的人不仅仅能描述已发生过的事实，而且能预测这件事未来的走向。例如，如今不会有人把成功预测“当一个人把球抛入空中它最终会落到地上”的人叫做“巫师”或者“术士”了。尽管我们看不到造成重力的那些“宇宙弦”①，我们却有足够的经验和自信知道重力的存在——当一个人扔石头的时候，石头将按照可预期的路线滑行，这在统计学上是真实的。可以说预测石头会如何的能力源于“重力是如何作用的”这一模型：在地球上，一个具有一定质量的物体被抛出后会下落，除非有其他外力作用（例如风吹着落叶向上飘）。

预测未来的能力是所有实验科学的目的，这一目的在一些原则中更容易发现。在气象学中，每天的天气预报告诉我们第二天早晨出门时需不需要带伞。我们可以通过晚间新闻里气象学家对雨水或冰雹的预测来判断气象模型的准确性。因此，我们不会把气象学家当作信仰一样相信；我们只是经验主义者，经验告诉我们这些人可以预测天气。从某种意义上讲，人们都是实验模型的科学检验人，他们用自己的行动来表示认同某模型的精确性。

每天，人们都不自觉地参与了预测未来的实例，接受着某个科学模型。如果一个生活在19世纪的人看到重达41 000kg的飞机并被要求相信它可以飞行的话，他肯定要说：“不！”然而现在，每天都有成千上万人乘坐这一交通工具，满怀信心地知道自己将被平稳地送到目的地去。预测飞机可以飞行的科学模型是基于航空学知识，大量的数据使工程师计算出将某个特定物体推上空中所需要的引擎的推力和上升能力。很明显，从先前的空中旅行获得的数据组可以预测未来。

虽然预测未来的目的被认为是很多数据集合的“事实”，这一目的或许并能作为所有科学模型合理化的方法。事实上，统计学意义的一个内在要求是有足够多的重复，以使得不同的事件可以相比较，从而判断出某研究中的实验组间是否存在统计学差异；另一种表达方式是：对照组的行为截然不同。可以这样说，我们必须能够证实模型可以代表现实。

---

① 这仅是个比喻，并不是弦论（string theory）的术语。弦论是一个不容易用实验来证实的理论，因此被怀疑论者质疑。

在提问-回答方式中，科学家何时可以认为未来事件证实了模型的合理性？

在某个科学问题引出的实验完成后，一个模型就建立了，它要接受“准确性”考验。例如，问题是“天空是什么颜色的？”，其模型是天空的颜色和每一分钟的变化的时间表有关，我们在第二天比较若干时间点的天空颜色，使用这一模型检测我们的观察，通过指出模型“准确”与“不准确”的次数，就可以获得一个统计学上的答案。

任何模型的终极检测都是看它是否能够预测现实。如果问题是“天空是什么颜色的？”而模型显示是“蓝色的”，我们就可以提问，在不同的相关背景中（例如晚上的时间）这一模型是否预测了足够多次数的正确答案，然后就会发现多半时间里模型是不准确的。于是我们就需要质疑模型“天空是蓝色”的次数。如果我们仅仅提问“什么时候天空是蓝色的？”这一问题，就无法纠正这一模型。

读者可能会反对这一观点：对科学家提出这样的要求（例如让他/她回答：“这个模型可以预测现实吗”）就像检验假设一样有偏差。在每个事例中，科学家都会遇到有问题的结果，并或许用某种方式处理数据去搜索一致性而滤过不一致性的结果。“提出（错误的）假说”和“确定模型”是有一些区别的。最明显的区别就是模型是基于实验而建立起来的。“明天中午的天空是蓝色的”这一模型一定是基于大量的实验和一个具有统计学精确性的陈述。相反，假说一定要在实验之前提出，在没有进行归纳之前提出。因此，在数学基础上，假设地得到错误比模型地得到错误的机会要大得多。因此，一个具有同等“偏见”的科学家和批判理性主义者相比，他/她“必然”存在的偏见的程度在提问-回答-模型框架中可以被大大地降低。

第二重要的区别在于各自框架的任务。批判理性主义的观点是：假设阻挡了伪造。就像之前讨论的，这就是科学家“必须要展示某些事物是真实的”和“对某种可能性的否定”之间的区别。相反，模型可以被认为是“准确的”。如果发现模型在某些特例中不准确，对模型的质疑或者纠正就出现了，这将成为一个新研究的背景，因此，模型比假设更有韧性。

将模型作为预测未来的基础

大卫·休谟曾经声明，仅仅因为太阳每天升起，不能够有充分的理由相信明天太阳还会升起。对此波普尔提出一个假说来响应。他反对“对过去事实的了解可以显示出事实的未来走向”的观点。而我们却认为这是确切的，因为太阳在过去每一测量日[①]都升起，可以建立“太阳每天都会升起”的模型。如果证明了这个模型可以准确预知未来（即太阳确实每天都升起），人们就有理由相信，太阳在第二天将会升起。

“将过去经验转化为对现实的描述，并获得确证使其可以叙述未来”的步骤，是不同于“错误地提出假说”的。对模型的确证是一段演绎推理，可以通过提问“模型是否准确描述所发生的事情”来再次确证。批判理性主义者或许要坚持认为对于过去的总结不足以预测未来，因为大自然是在时时变化着的。然而控制事实的准则在过去的时间内从来都没有改变过，而基于这些经验的模型被证明可以准确预测未来，这一事实大大鼓励了归纳学者。

对于每次预测的失败，模型可以被不断修正，直到它的预测性进一步加强。只要模型能够用于证实事物按照某种显而易见的方式运行着[②]，这种方式就被证实了。为避免听起来不直接，我们必须指出：具有统计学意义是指模型被证实有效比无效多得多，而且显示无效的时候的情况还可以用来提高模型的预测能力。

还有一个证明经验可以预测未来的例子，让我们建立了相关模型。如果你看着一个沙滩排球，发现球是红色的，你闭上双眼，心里可能会问：“这球还是红色的吗?”然后就会再睁开眼睛。或许你预计球会变成绿色，但是你睁开眼就会发现，球还是红色的，你一次一次地重复这一行为。某一时刻，你确定了一个模型：球是红色的。每次你询问模型是否可以预计未来时，你就会发现它确实可以。假如，在未来的某一时刻，你问自己“球是红色”的模型是否依然有效，等睁开双眼竟然发现球变成绿色的了，你会奇怪的。但如果你了解到在你闭上双眼的时候有人将球漆成绿色的了，你就不会再感到奇怪，并且不会认为你的模型与现实不符。相反，你会修正模型，说“球是绿色的，它曾经是红色的”了。同样，只要球仍是绿色的，这个模型就一直有效。

有时，我们对预测一些事物也无能为力，例如癌症具体在什么时间发生。就像我们预计太阳何时升起或球的颜色的问题。主要是取决于影响某特定事物的变量以及我们对于这些变量的重要性的了解。对于癌症我们只有通过预测哪些人群更易患癌症的能力的提高而体现。因此，每次批判理性主义者反对归纳学者所声称的“对 X 的测量预测了 Y 的发生”时，人们只需问一问：“Y 是否真的发生了。”

“科学的理论和实践必须结合”的核心在于理解为什么科学需要用一定方式来进行。科学家只有从基础上研究“自然是如何运行的”方能预测“自然将会如何运行”。没有精确预测未来的能力，科学工作者和科幻小说家就没有区别了。

---

① 或者是具有统计学意义的足够多的天数。

② 赋予“组成稳定或者合理的结果”的定义是统计结论的基础。

假如，一个人可以说，从现在起一秒后，重力将不再存在了。这个模型没有与过去的事物相悖，而且没有证据证明它不能够预测未来。也许有人会说，预计重力消失这样的情况的确有悖于以往的经验。也就是说，一个经验中的事例不足以建立一个广泛通用的准则。在本书中，显示某模型能够成功预测未来的能力恰是“证实”的精髓，提供了区别科学和科幻的方法。重力没有消失的事实是证明上述模型不合理的手段——事实就是它没能成功预测未来。

如果我们问重力是否会在某一个特定时间后的一秒消失，我们可以证明它不会的，还可以反复地证明。因此“重力在下一秒要消失”的模型不能够帮助我们预测未来。相反，它为我们提供了错误的信息，并因此降低了我们有效预测未来的能力。如果我们接受了“重力在下一秒要消失”的预测，有人可能要利用这一机会跳过一座桥，而他这种不合理地自信告诉自己不会受到任何伤害。区别科学和科幻是很必要的，因为人们需要指导行动的后果理论。一个人基于自己的经验进行的全部预测都是归纳思考——建立现实如何运行的模型，就是一个实例。

在将理论运用于实践之前另一个需要讨论的哲学论题是“洞察力”。与亚里士多德和迪卡尔接受客观事物和我们对它内在特点的描述不同，康德认为事实的经验首先与人们的“洞察能力”和自己大脑的工作有关。由于洞察力可能有瑕疵，就像对空间和时间的概念①一样，我们对于事实的确定性也是有缺陷的，不一定存在一个不因个人的接受不同而不同的“广泛适用的准则”。因此，当科学家不能够确定某事物的实质而仅仅能从“认识”上了解它时，怎么能说这是确切的呢？不过这一问题显然超出了本书的范围，我们不去讨论它。

通过实验我们得出：实施科学的预测也不是完全准确的。如果所有的发现都仅与科学家相关，仅通过他/她的理解来筛选，且研究对象不存在因果联系，那么科学家说“吸烟可以导致癌症”，或者“艾滋病毒会导致艾滋病”，或者说“训练会增加肌肉重量”就是毫无意义的。需要阐明“归纳法的传递性质”，换句话说，实验者的测量和对事实的预测必须自身有意义，基于研究对象的本质，与其个人或者研究方法不相关。“归纳法的传递性质”还指的是科学家的预测要与其他人相关，无论这些人是否了解科学家的预测以及科学家的理解是否与他们相同。

想象一个实验：首先想象你是个神枪手，背着装满子弹的来复枪走在热带雨林的最深处。事实上，你是在搜寻一群人，并且努力避免被他们发现。你举起一支麻醉枪对着一个从来没有见过枪，也不知道镇定剂是干什么用的人。而旁边的观察者是可以做出正确判断的人。你对着这个人的腿开了一枪。在开枪之前，你问自己那个模型——也就是麻醉枪可以使人失去知觉是否可以被证实，然后开了

① 尽管对于空间和时间的理解从康德写出《纯粹理性批判》之后产生了剧烈的变化。

枪。尽管枪、镖、镇定剂这个人统统都没有见过，但他还是被打晕了，一如模型显示的那样，这个人陷入了几分钟的无知觉状态——这个事实被你、旁观者和这个受害者都证实了。也就是说，这个镖带着自身的性质射向了这个人，结果与射击者、受害者对于武器的了解程度无关。

我们再做一个假设，假设你是一个病毒学家，正在面对一个拒绝承认“脊髓灰质炎病毒会引起小儿麻痹”的怀疑论者。你向他论述了“脊髓灰质炎病毒会引起小儿麻痹”的一切证据，但他还是不相信。在这个例子中，你面临的不再是一个缺乏经验的人，而是积极地拒绝你的事实证据的人。很明显这一反对意见并不能够降低人们患病的概率。比方说，如果一个人研究“相信和不相信”这一观点的人群中小儿麻痹的发病率，他就会发现不相信这一观点的人更多地死于该疾病，因为他们没有接种疫苗的动力。这说明，拒绝一个常识不能够改变事物的本质。就像本例，脊髓灰质炎病毒是致病的原因，不管你相信不相信它都存在。

在最后一个假想的实验中，请想象你站在一个石墙前。你面对着一个既拒绝怀疑论又否定物体或准则有其内在本质的哲学家。这位哲学家比较了现实世界和电影《黑客帝国》，并认为自然中的事物都是个体的想象创造出来的[①]。你的回应如下：哲学家将不会介意你用他的头来撞墙，因为在他看来墙并不是一个客观存在的物体，而仅仅是你和哲学家不一致的想象的产物。无论哲学家关于墙的存在表示沉默还是墙对于哲学家表示沉默，墙都是存在的。在最后这个例子中，模型的预测能力是与人相关的，无论此人是否承认科学家的整个推理过程。最倔强的怀疑论者都不能够反对石墙存在的事实，以及科学的模型可以预测未来的能力[②]。

归纳学者现在或许可以确信，将模型作为事实的代表（以及使课题与他人相关）进行确认是可能的，即便面对拒绝这一方法学以及所使用的实验方法的人[③]。

在第 10 章的实验课题中，我们将阐明模型预测以及如何将模型进一步合理化的问题。

---

① 常看电影的人可能还能够想起，在电影《黑客帝国》（The Matrix）中，观察者在电脑组成的世界中时，可以用意念将勺子弄弯。而在现实社会，勺子是不会依意念而弯曲的。事实上，观察者在“帝国”中被告知勺子是没有弯曲的，因为勺子根本不存在。因此，违背物理原理证明观察者观察到的并不是现实；相反，顺应物理原理这一现象是观察者处于“现实世界”的标志。

② 之所以选择这些例子是因为它们表明，即便违背了人的意愿，一个物体的本质仍是不变的。这一点在两种相对的主张都存在时更能够被说明。

③ 尽管这听起来具有攻击性，可以认为科学家这种态度在以下情况是成功的：当数据可以代表自身的模型时，在毫无强迫的情况下建立基于这些数据的模型。

10 设计实验方案

——一个生物学案例

在生物学中，最常见的实验条件是建立在科学家提出课题的相关数据都存在的前提下。前面章节提到了“自然状态”，即在这种情况下处理该课题没有任何前期资料可以参考，前文也提及了如何积累信息，收集相关资料足以应对更高层次的问题。一个更典型的设计是，在实验前期科学家掌握了大量的课题相关背景资料。从哲学的角度来看，在这样的前提下设计实验是最有问题的——只有在掌握了前期的资料之后，才能判断接受这些信息是否合适（或者在怎样的条件下应该接受这些信息），这样做的结果是否会有偏差或者更不利于建立起与实际相符合的模型。让我们用下面的例子来谈实验设计，根据这个例子，我们可以得出一个建立在（或违背于）先前所理解的知识基础上的模型。建立模型的能力使科学家能够预测结果，而这结果也就是检验模型成功与否的标准。

实验设计的案例：设计 *Eco*R Ⅰ的限制性内切核酸酶酶切位点

有一类蛋白质叫做“限制性内切核酸酶”。这类蛋白质具有一定特性：它们能够切割具有特定序列的双链 DNA。例如，一种限制性内切核酸酶能够切割具有 GCTAGC 序列的 DNA。但是这种酶不能切割不含该序列的 DNA。[①]

在这个实验设计方案的案例中，我们跟随研究生 Benny 的研究进展而展开，他是为研究员 Marshall 工作的。Marshall 曾经将 *Eco*R Ⅰ[②]蛋白与 DNA 一起孵育，证明了 *Eco*R Ⅰ可能是一种限制性内切核酸酶。他发现，DNA 分子由高分子质量的黏稠物质变成了特定的小片段。当 Marshall 用琼脂糖凝胶电泳将 DNA 片段进行分离的时候，他发现 DNA 被切割成了很多独立的、离散型的可复制性片段（图 1）。他还发现，当将这些片段与另一种名为“连接酶”的蛋白质一起孵育的时候，这些片段又合成了高分子质量的 DNA。这已经足以使他建立起一

① 限制性内切核酸酶是由细菌产生的，是源于一种针对外源 DNA 的保护机制（例如源于入侵噬菌体）。这些限制性内切核酸酶能够识别并切割外源 DNA 中不属于寄主或者在寄主体内进行了一定修饰（如甲基化）的特定 DNA 序列。

② 这是实际生活中存在的一种限制性内切核酸酶。

个 *Eco*R Ⅰ的模型，在这个模型中，他指出 *Eco*R Ⅰ蛋白具有与限制性内切核酸酶相同的特性，因为以前对于限制性内切核酸酶的种种特性的了解与 Marshall 观察到的 *Eco*R Ⅰ的表现一致。

这些实验在研究生 Benny 进入实验室前就已经完成了。现在，Benny 进入实验室了，Marshall 分配给他一项关于 *Eco*R Ⅰ的特殊项目。Benny 必须找出 *Eco*R Ⅰ识别及切割 DNA 的精确位点。

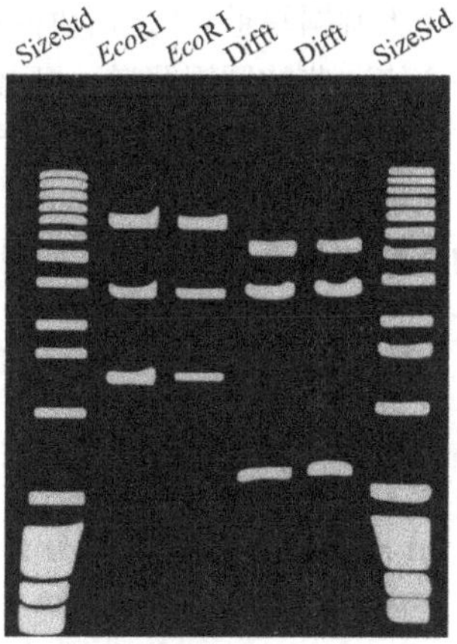

图 1　DNA 电泳图。该过程根据大小将 DNA 片段分离开。

Benny 是个聪明的人，并且也研读过本书前面相关章节。因此他试图按照前面章节介绍的内容来设计自己的实验方案。他静下心来试图构建一个问题可以概括他的实验方案。他在一张纸的顶部写下了如下问题：

*Eco*R Ⅰ识别及切割的 DNA 序列是什么？

他不是特别确定这个问题是否措辞准确，但是他决定用维恩图（一种逻辑图）勾画出他的实验方案。他画的第一个圆圈代表了他写下的问题（图 2）。但是，实际上在他试图寻找补充问题来规划第一次的一系列实验时，他陷入了困境。他确实不知道该怎么办。

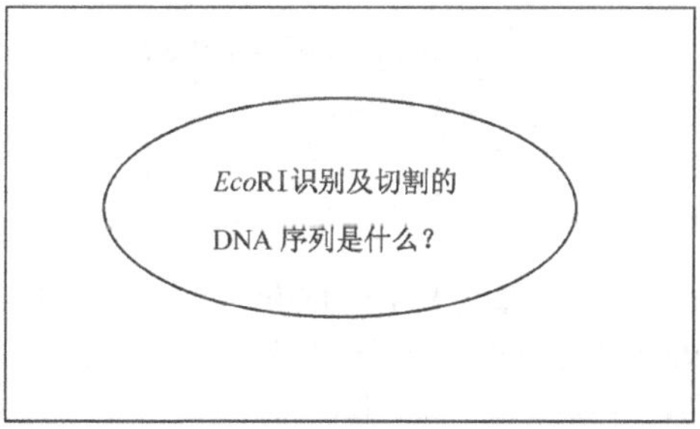

图 2　Benny 用维恩图描绘实验方案的第一个问题。

于是 Benny 重新拿出一张纸。因为 *Eco*R Ⅰ是一种蛋白质[①]，因此 Benny 画

① 善于怀疑的读者会反对，认为这是一个 Benny 没有证明的前提条件。这种怀疑以及 Benny 是如何解决这个问题的接下来会进行讨论。

了一个大圆圈写道："蛋白质的功能有哪些?"（图 3A）在第一个圆圈里，他画了另一个小一些的圆圈写道："限制性内切核酸酶的功能是什么?"（图 3B）Benny 在将 ***Eco*R** Ⅰ放入这个限制更严格的圆圈的时候十分犹豫，因为他不知道是否运用了足够的标准来判断 ***Eco*R** Ⅰ是一种限制性内切核酸酶。他意识到需要阅读更多的资料，并且立刻着手了解相关资料①。

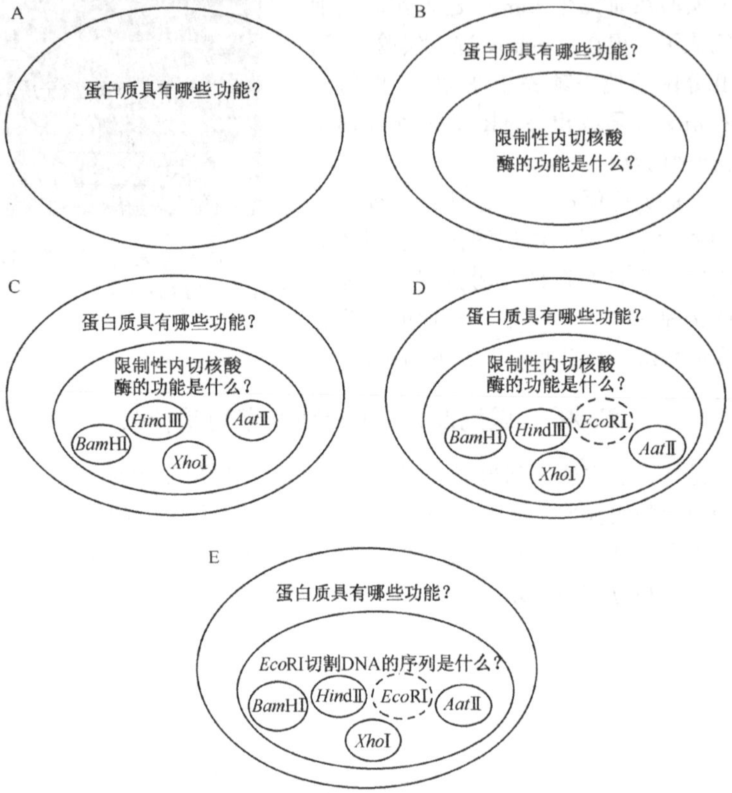

图 3　描绘实验框架的过程，从最宽泛的问题开始（A），详细说明推理的过程，然后进入到一个具有更多限制的领域（B），利用相关数据集中考虑问题（C），处理未知的特性（D）。必要的话可以对问题进行精练、修改。

如果想让怀疑论者至少有那么一点的高兴，Benny 在用蛋白质来描述 ***Eco*R** Ⅰ前，应该用蛋白酶切割处理它，表明它是由蛋白质的基本单位——氨基酸组成的。

---

① 善于怀疑的读者会反对 Benny 接受 *Eco*R Ⅰ是一个蛋白质的事实，却否认其为限制性内切核酸酶。正如本章中即将展示的一样，Benny 没有抵制任何已知的背景知识；相反，他运用了一种模式，使他认为任何新的数据结果都是"阳性的"，并且即使新的数据和先前的理解是相抵触的，他仍然会怀疑这个模型。

但是正如讨论的那样，这样做是没有必要的，因为怀疑论者从来不会满足。Benny的唯一的任务就是针对提出的问题，根据他收集的数据，适当地推敲那个模型。

让我们假设，当Benny做这个实验的时候，人们已经发现了50种限制性内切核酸酶，并且对它们的DNA识别剪切序列也有详尽的描述。Benny将其中的4种酶加入到他的图表中，并注释还有其余46种酶具有限制性内切核酸酶活性(图3C)。在限制性内切核酸酶的圆圈里，Benny加入了一个新的圆圈代表*Eco*R Ⅰ；这里他用的是虚线，说明他希望运用其他的蛋白质已知信息去解决他提出的关于*Eco*R Ⅰ的疑问。这个虚线圆圈还从属于那个更广泛的问题"*Eco*R Ⅰ的功能是什么?"(图3D)这里，Benny使用了Marshall获得的数据，这些数据已经证明了*Eco*R Ⅰ可以将DNA切割成离散的小片段，并且这些片段可以通过连接酶重新合成大分子DNA。这些数据使Marshall建立起一个*Eco*R Ⅰ的模型——*Eco*R Ⅰ切割DNA的方式可以使连接酶将其重新还原为大分子——并且使他决定让Benny研究*Eco*R Ⅰ切割DNA的具体位点。经过这样的逻辑思考，Benny现在将他的疑问改成如下开放形式：

_Eco_R Ⅰ切割DNA的序列是什么?（图3E）

比较这个问题与先前提出的问题的措辞：

_Eco_R Ⅰ识别并切割DNA的序列是什么?

先前的提问中包含了未被证明的前提。例如，在先前的提问中，默认*Eco*R Ⅰ识别（或者说结合）并切割DNA是在同一个特定的位点。新提出的问题"*Eco*R Ⅰ在什么位点切割DNA?"的前提——*Eco*R Ⅰ能够切割DNA，是已经被证明了的，现在科学家再进行下一步探讨，研究DNA在什么位点被切割。

很多读者会认为两个问题的差别很小，但是需要强调的是必须要小心，使科学家远离未被证明的前提——这会使科学家像处理未被证明的假说那样处理数据。

现在让我们再来看一眼Benny提出的实验框架（图4）。他没有立刻就跳到"*Eco*R Ⅰ切割DNA的序列是什么?"尽管Marshall给他的任务是解决这个问题。然而，Benny写下了第一个更宽泛的问题"*Eco*R Ⅰ的功能是什么?"并且将这个问题放在代表限制性内切核酸酶的圆圈旁边，因为有数据显示，*Eco*R Ⅰ确实属于这类蛋白质。他的第一个问题"*Eco*R Ⅰ的功能是什么?"会使他接受任何*Eco*R Ⅰ的功能，并看作阳性结果；他已经知道*Eco*R Ⅰ的一些功能，因为至少Marshall证明了*Eco*R Ⅰ能将大分子DNA切割成小片段。他的第二个问题承认*Eco*R Ⅰ能切割DNA，但是他试图以这样一种方式来描述这个问题，使*Eco*R Ⅰ在任何位点切割DNA的结果都是阳性结果。即使他知道已知限制性内切核酸酶的一些性质，并且会用方法论根据已知限制性内切核酸酶的特点分析*Eco*R Ⅰ的序列，他还没有利用这些来证明他的第二个问题。

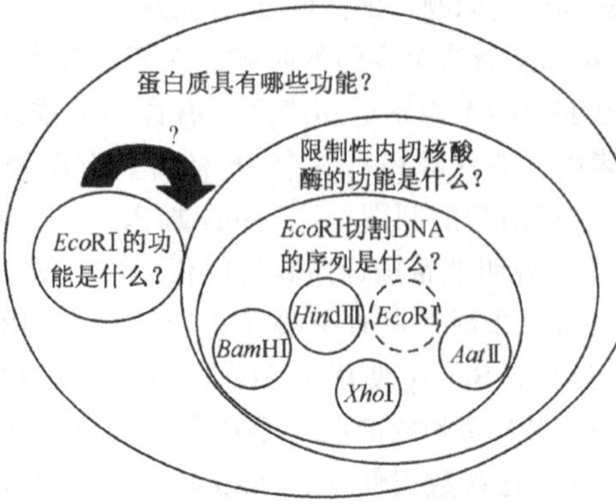

图4 记住为更多未知的现象保留空间是很有用的，如 *Eco*R Ⅰ可能具有除了（或者不是）限制性内切核酸酶功能的特性。

善于怀疑的读者可能会问为什么会接受某些先前的知识（*Eco*R Ⅰ是一种能减小 DNA 大小的蛋白质），但是却否定其他的知识（正如 Marshall 相信的那样，*Eco*R Ⅰ肯定属于限制性内切核酸酶这类蛋白质）。为什么 Benny 不从否定所有的已知信息入手呢？这就是问题的症结所在——Benny 并没有否定设计框架中问题的任何知识；他接受了 Marshall 获得的结果，将课题放在一个可以使他尽快地将实验进行下去的条件下。但是他用开放式的问题来勾画课题的框架，就算结果与已经接受的模型有出入，问题还是有答案的。

简单地说，科学家在开始他们的课题时，从来不否定先前的知识。如果他们反对的话，将不会有进步——每一个科学家都需要从以前收集的数据中重新获取信息，才能够继续进行实验。因此，如果强迫 Benny 否定 *Eco*R Ⅰ是蛋白质，那么他必须花时间重复 Marshall 做的所有实验。并且他不可能停留在那里，因为怀疑论者会将 Benny 推到更远的境地，直到 Benny 否定了以前所有的知识。相反，Benny 采取了一种更简单的预防措施；他采取了开放式问题的方法，使他能够接受获得的任何结果同时也保留了 *Eco*R Ⅰ切割 DNA 的能力。

实验方案确定后，Benny 现在意识到他的课题关于 50 种已知限制性内切核酸酶的内容已经成功地完成了。他决定检查这些酶的性质，得出自己的实验方法设计。如果一种特定的方案在过去适用，并且得出了一个已经被证实的结论，那么 Benny 事先知道这个是很有利的。

或许在这里最好先停下来，继续否定 Benny 的实验方法。正如前面指出的那样，Benny 构建出图 3，决定阅读关于其他限制性内切核酸酶的资料，但是这正是理性思维避免犯的错误。避免在构建实验方案时犯这样的错误主要是由于先前的实验可能会导致错误的或者不完全的构思。也就是说，运用以前的知识指导设计新的实验可能会导致以前的错误重复发生。

无需重申第1章～第7章中的观点，我们仍可以根据Benny特殊的实验方案很快地得出结论。首先，考虑到Benny甚至不知道他寻找的序列的大小，很容易就能指出找到*Eco*R Ⅰ切割DNA序列是不可行的。实际上，即使Benny知道*Eco*R Ⅰ识别位点是由6个DNA碱基对组成的，留给他的仍然是4096种可能[①]，将其中的任意一种作为其正确切割位点的假说都几乎肯定被推翻，使Benny没有一点进展[②]。这是需要读者理解的非常关键的一点：在这个实验中，考虑到Benny在整个课题中的起点，就可以知道这个假说是不可行的。在这种情况下，假说应该采取以下形式：

***Eco*R Ⅰ会切割某一DNA序列。**

我们知道这个假说实际上是正确的，因为Marshall已经证明了*Eco*R Ⅰ能够切割DNA，并且得到了特定大小的DNA片段。这是一个在文献中经常见到的情景，由于特定的需要，选择一个已经被证明的作为实验设计框架的一部分。有人会认为这个假说不利于指导实验向某一方向进行下去；相反，它只是简单地做出了一个冠冕堂皇的答复。换句话说，“*Eco*R Ⅰ会切割某一DNA序列”的假说，就其本身而言，并不会帮助科学家得到“*Eco*R Ⅰ切割DNA的序列是什么？”的答案。只有在收集了更多的信息，以及Benny运用他的“提问-回答”法确定了答案之后，在最终的二元“提问-回答”阶段，假说才能够更贴近“真正”的问题。我们将会强调这一阶段，并且再一次指出这证明了演绎推理总是会渗入理性思维框架中。还有，即使在这个情境下选择了一种假说，但是使用的方法论可能还是同研究已知限制性内切核酸酶的方法一样。这就是先前的知识以及演绎推理如何渗入到理性思维中的；假说并不能阻止科学家运用已经建立起来的方法论——在多数情况下，这样可以使一些实验不必进行。最后，在现在这个情境中，Benny没有对*Eco*R Ⅰ的酶切位点提出任何假设——他求助于以往的经验，参考成功的方法论，否定可能的结论。

我们可以发现Benny以他在图3中做的“圆圈”来规划实验。为了加快实验进程，他必须知道更多关于限制性内切核酸酶的信息；这也就是他用以提出关

---

① DNA由四种脱氧核糖核酸组成：A、C、G和T。考虑到在DNA识别位点序列，任意一种核苷酸在六个位点的任意一点出现的可能性，*Eco*R Ⅰ的限制性酶切位点仍然有4^6种可能，也就是4096种可能。

② 如果知道限制性酶切位点是6bp大小，可能有人会依次检测这4096种可能。但是在不具备这样的前提的时候，就有数百万种可能，这种方法论是不可行的。即使答案的可能只有4096种，如果有更直接的方式，寻找*Eco*R Ⅰ的切割序列，为什么要选择重复的过程来推翻几千种可能呢？接下来将会展示，以上两种实验设计框架，如果运用得合理，都会得出“正确”的答案。

于 *Eco*R Ⅰ的疑问的“归纳演绎空间”。唯一一个会导致所有的疑问都没有结果的情况就是 Marshall 得出“*Eco*R Ⅰ能限制性切割 DNA”的结论是错误的。如果发生了这样的事情，那么 Benny 运用一个适当的、已经被证实的系统很快就会发现这个错误。

进入归纳演绎空间：了解研究对象的已知信息

因为不可能掌握每一个蛋白质的所有已知信息，现在 Benny 将其韦恩图（图 3E）的重点集中在限制性内切核酸酶这个特定的亚领域中。这样，随着 Benny 的进展，限制性内切核酸酶特定的、相关的性质将得以说明，我们将看到已知的信息如何帮助 Benny 构建他的实验结构框架。随后我们还会提出：这里使用的方法论（例如运用关于已知蛋白质的信息建立起一种特定的实验方法）是否会使 Benny 错过某些信息。以下是 Benny 掌握的关于限制性内切核酸酶的信息：

1. 限制性内切核酸酶在特定的位点切割双链 DNA。它们通常（但并总不是）识别具有回文结构的 DNA［例如一个在两条单链上（5′→3′］[①] 碱基读取都相同的序列］。例如：

5′CCATGG 3′

3′GGTACC 5′

不是所有的限制性内切核酸酶都切割特定的回文序列，一小部分限制性内切酶核酸切割的序列并不是回文的[②]。

2. 组成限制性内切核酸酶的“切割位点”的碱基对数目是变化的。有些限制性内切核酸酶识别位点只有 4 个碱基对的 DNA 序列，而其他的需要有 6 个碱基对或者更多。

3. 大多数限制性内切核酸酶仅具有一个切割位点，但是也有例外。例如，*Acc*B7 Ⅰ在 CCAXXTGG 位点处切割，在这里 XX 代表可变序列。这并不十分普遍，即使在这个例子中，酶也是识别特定的侧翼碱基序列，切割的位点也总是发生在相同的地方。还有一些酶具有第二个“次首选”的切割位点，仅在特定的环境下才会被识别。这很罕见，但确实存在[③]。

---

① 注释 5′→3′表明了 DNA 的结构；假定这篇文章中已经提及了一些关于 DNA 的背景信息以及基础的生物学知识。

② 这证明了一个事实：绝对的情况很少，这也是那些允许不可避免的告诫及例外出现的模型发挥最大效用的另一个原因。

③ 这个信息在 *Eco*R Ⅰ被发现的时候是未知的。所描述的例子在这里证明了如何进行演绎推理；尽管它可以暗指该如何研究当今新发现的限制性内切核酸酶，但这并不是历史上证明 *Eco*R Ⅰ的特异性是如何解决的实例。

4. 有些限制性内切核酸酶识别特定的序列，但是在别的位点切割 DNA。例如，一个限制性内切核酸酶能够结合在 CCCGGG 位点，但是延伸并切割最后一个 G 下游 4 个碱基对的位点，不管该位点的核苷酸是什么。如果 *Eco*R Ⅰ的情形也是这样，那么，找到 *Eco*R Ⅰ发挥功能的位点并不一定代表确切的切割位点。只有在获得了这样的信息之后，Benny 才会去重新思考他的问题的结构框架。他的问题原来是这样表述的：

***Eco*R Ⅰ 识别及切割 DNA 的序列是什么？**

但是现在 Benny 知道了 *Eco*R Ⅰ的切割位点可能会不同于识别或者结合位点。他意识到了以前的提问形式在几个已经证实了的例子中会存在没有认识到的、不一致的假设情况发生。他第二次试图修正他的实验课题得出了这样的问题：

***Eco*R Ⅰ 在什么序列位点切割 DNA？**

但是，如果 *Eco*R Ⅰ属于切割位点不同于结合位点的限制性内切核酸酶的情况，那么这个问题的答案将不会那么有意义（因为在这样的情况下，*Eco*R Ⅰ实际上会切割任何序列，只要它是在结合位点下游 4 个碱基对的地方；这个提出问题的形式没有真正把握住这种可能性）。正式地说，Benny 需要明确定义他的术语，确定他实际上期望得到的结果。他咨询了他的上司 Marshall，Marshall 肯定地告诉他实验的目标就是找出 *Eco*R Ⅰ识别的位点及其切割的位点。Benny 重新检查了他的问题并且决定以下面的形式来提出他的问题（图 4）：

哪些 DNA 序列足够使 *Eco*R Ⅰ 能够切割 DNA？

“足够”的概念会导致一些情景出现，为什么这很重要我们在稍后会讨论到。在现在的这个例子中，应该清楚 *Eco*R Ⅰ切割 DNA 所需要的序列包括结合位点以及切割位点。注意 Benny 之所以能够掌握这一层次的复杂性，是因为他阅读了其他限制性内切核酸酶的信息。正如即将展示的那样，即使 Benny 不知道这一类特殊、复杂的限制性内切核酸酶，一个有效的实验系统仍然会使他得到“正确”的答案。毫无疑问，Benny 在学会考虑其他自己以前不曾想过的、却已经被证明了的可能性后会更快地得到答案。

5. 不同的限制性内切核酸酶在切割的类型上有所不同。例如，有的酶直线形切割 DNA，留下两个“平末端”：

5′CCA TGG 3′
3′GGT ACC 5′

其他的限制性内切核酸酶锯齿形地切割 DNA，留下了“黏末端”，如此定义的原因是它们很容易又从片段连接成一个整体（连接作用）：

5′C CATGG 3′
3′GGTAC C 5′

这两个单链 5′CATG 3′序列突出在两个末端，经氢键的辅助以及前面提到的连接酶的作用，很容易又黏合到彼此的单链上。平末端因为两端缺乏氢键的作用，重新连接到一起比较困难。

Benny 从中认识到他的问题并不是寻找 *Eco*R Ⅰ切割 DNA 后的片段的结构。他的疑问不是：

***Eco*R Ⅰ切割 DNA 会产生平末端还是黏末端？**

Benny 向 Marshall 询问这一点情况。Marshall 发觉 Benny 进行了一定的阅读，并且承认当初在交给 Benny 任务的时候并没有考虑切割 DNA 后末端的结构。他告诉 Benny，当他解决了第一个课题的时候，他可以接着解决这个问题。

从这个例子中我们可以知道，科学家必须确定解决问题的相关信息。这就将我们带回到“定义术语”的问题。Benny 还可以提出一些辅助性疑问，例如，“*Eco*R Ⅰ切割 DNA 的序列是什么?”“*Eco*R Ⅰ切割 DNA 后留下的结构是什么?”等。但是，他决定他的目标就是简单地找出 *Eco*R Ⅰ的切割位点，而不是酶切之后留下的 DNA 结构。那些是他解决并理解了现在提出的问题后继续进行的题目。

6. 不同的限制性内切核酸酶需要在不同的条件下发挥功能。有些酶需要在 100mmol/L 的氯化钠的条件下才能够切割 DNA，但是其他的酶在这样的条件下却没有作用。几乎所有的限制性内切核酸酶在 10mmol/L 的 DDT 存在的情况下，都能够发挥更好的功效。大多数限制性内切核酸酶在 37℃活性最高，但是在 65℃时会变性。

了解了这些细节后，Benny 更清楚地意识到需要“建立起他的实验系统”。他必须保证自己在检测 *Eco*R Ⅰ功能时的实验条件是 *Eco*R Ⅰ能够发挥功能的条件。幸运的是 Marshall 已经掌握了 *Eco*R Ⅰ的这些资料。

怀疑论者在此可能又会提出疑问：寻找一个 *Eco*R Ⅰ能够切割 DNA 的特定实验条件是否同解决“哪些 DNA 序列足够使 *Eco*R Ⅰ能够切割 DNA?”这个问题本质上是一致的。因为构建一个人为的系统使 *Eco*R Ⅰ能在某一个特定的 DNA 序列上发挥功能，并不意味着这就是 *Eco*R Ⅰ在细菌中发挥功能的方式。这一点十分重要，在本章的后面还会提到。但是其实，起初提出的问题并不会使 Benny 到达如此精细的层次，那也会在后面提到。

定义术语

阅读了限制性内切核酸酶相关知识，对需要考虑的潜在问题有了进一步的了解，Benny 重新检查了他提出的问题，并定义其术语。他必须保证他的实验会产生某些数据，能够有利于解决其构建的模型中的问题。他再一次提出自己的问题：

哪些 DNA 序列足够使 *Eco*R Ⅰ能够切割 DNA？

然后，他开始定义他的术语：

1. “DNA”是双链脱氧核糖核苷酸。

2. “序列”指特定顺序的 DNA 碱基对。“序列”在形式上用复数表示。但是，这并不会给 Benny 造成困扰，因为大多数限制性内切核酸酶仅仅切割单个 DNA 序列。而所提出的问题也会使他找到单个的 DNA 序列，然后促使他质疑是否该单个序列就足够解决他的问题还是仍有更多待发掘的内容。

3. “足够”指的是能够满足 *Eco*R Ⅰ发挥作用（切割 DNA）的条件。因此他需要找到一个使得 *Eco*R Ⅰ能发挥作用的 DNA 序列。解决这个问题后，Benny 可以提出下一个问题，区分结合还是切割位点的问题。

4. “*Eco*R Ⅰ”是一个特殊的限制性内切核酸酶。它的缩写Ⅰ表明了它是第一个从大肠杆菌里面分离出来的限制性内切核酸酶。

5. “切割”表明破坏将核苷酸连接成线性单链的磷酸二酯键作用，将 DNA 切断成小片段。

运用系统相关已知信息建立解决问题的一系列疑问推理及方法系统

在阅读了其他限制性内切核酸酶的相关背景文献，以及定义了他的术语后，Benny 决定建立起一个基于其实验目标的方法。这一方法需要从证实一个系统的正确性开始。但是想知道需要证实哪一个系统，他必须勾画出他的方法（运用其方法时需要经历的步骤）来回答这个问题。这个方法可以看作实验设计，它包含了对一个已证实的实验系统的应用以及具体的实验操作。为了确保该系统有效地达到实验目标，拟定一系列实验设计是很有益处的。没有必要提前设计好所有实验的每一个细节；如果一个实验系统没有得到证实，一些能够检测出系统合理与否的特定实验就显得尤为必要。一旦检测出来，为了进行新的试验，系统就需要重新加以验证。为了建立起他的系统并且解决“哪些 DNA 序列足够使 *Eco*R Ⅰ能够切割 DNA?”的问题，Benny 需要做以下几件事情：

1. 获取一个能够被 *Eco*R Ⅰ切割的 DNA 片段（我们将这个 DNA 片段叫做“λDNA”）。这将作为寻找 *Eco*R Ⅰ酶切位点的测试序列。我们可以认为这个片段也是系统的一部分，需要证明其合理性；换句话说，Benny 需要证明 *Eco*R Ⅰ可以切割 λDNA 片段。

2. 获取一个不能够被 *Eco*R Ⅰ切割的 DNA 片段（我们将这个 DNA 片段叫

做“θDNA”)。Benny 将这个 DNA 片段看作阴性对照，也是实验系统的一部分。他会在 θDNA 中插入一个潜在的 *Eco*R Ⅰ酶切位点检验：一旦插入测试序列，它是否会切割该 DNA。

3. 获取一个或两个已知的限制性内切核酸酶。Marshall 已经证明了其他两个酶在与 *Eco*R Ⅰ相同的实验条件下可以发挥作用，因此 Benny 可以将这两个酶作为阳性对照检测实验缓冲液、水以及其他检验作用的材料是否存在问题。这几个酶有利于帮助 Marshall 证实 Benny 的实验系统。这可能是核心的验证步骤；他必须证明实际上他能够用 *Eco*R Ⅰ切割 λDNA，这样他会需要在这个过程中设置对照，那就是其他的酶在 *Eco*R Ⅰ发挥作用的相同条件下能够起作用。

4. 一旦 *Eco*R Ⅰ切割消化方法适用。Benny 证明他可以用 *Eco*R Ⅰ切割 λDNA，并且这个实验结果是可以重复的（一系列可以重复获得的 DNA 片段)，他就需要建立起一种方法解决实验框架的疑问“哪些序列足够使 *Eco*R Ⅰ能够切割 DNA?”因为现在很容易进行 DNA 测序，Benny 决定按照以下疑问进行：

a. λDNA 的序列是什么?

b. 用 *Eco*R Ⅰ切割 λDNA 产生的 DNA 片段大小是多少?

c. 对于每一个被 *Eco*R Ⅰ切割后的 λDNA 的片段来说，其末端的序列是什么?

d. λDNA 是否包含与步骤 c 中确定的 DNA 序列一致的重复序列，并且这些序列在经过切割后，能否得到与 *Eco*R Ⅰ作用后得到的片段一致的结果?

e. 如果步骤 d 的答案是肯定的，那么这个序列是什么?①

f. 在步骤 e 中获得的序列在插入 θDNA 后会不会使 *Eco*R Ⅰ能够切割 θDNA?

g. 现在我们可不可以说“哪些 DNA 序列足够使 *Eco*R Ⅰ能够切割 DNA?”的问题得以解决了? 换句话说，发现的序列是不是可以代表 *Eco*R Ⅰ在 λDNA 中所有的酶切位点?

h. 如果步骤 g 的答案是否定的，那么发现的序列不能代表的其余的序列是什么?

建立实验系统

在 Benny 提出这些问题前，他必须确定他具有一个可操作系统。如果他有

---

① 如果这个问题的答案是否定的，那么 *Eco*R Ⅰ可能属于一类稀有的限制性内切核酸酶家族，具有不止一个 DNA 酶切位点。那样的话，Benny 必须改变他的实验方法来适应这种可能性。该实验课题完整的实验方法列表对于这个疑问需要包含答案是否定的这种情况。

一个“失活”了的 *Eco*R Ⅰ样品（假设有人不小心将他的 *Eco*R Ⅰ暴露于 65℃的环境中，或者用蛋白酶污染了该样品），他将不会有太大进展。即使是在最精细的条件下，*Eco*R Ⅰ的活性也会随时间而减弱，并且每次都要重新准备，Benny 需要事先知道这一点。还有，即使他的酶具有活性，实验系统仍可能不是有效的。例如，他在准备实验缓冲液的时候出了差错——假设他错误地用 100mmol/L 氰化钾代替 100mmol/L 氯化钠——这样 *Eco*R Ⅰ不会发挥作用，他也得不到任何数据。

除了确定 *Eco*R Ⅰ有活性，Benny 还需要明确他能够回答实验方法中列举的问题。我们再一次列举出 Benny 希望解决的每一个问题，这次包括他需要证明从而继续实验的问题。接下来，我们实际上会勾画出 Benny 解决每一个问题的实验，包括相关的对照。注意，在每一种情况下，我们并不是提供一个假说，而是要收集数据并建立模型：

a. λDNA 的序列是什么？

为了解决这个问题，Benny 必须能够进行 DNA 测序。为了确保他能够精确测定 λDNA 的序列，他需要测定一个已知 DNA 的序列作为阳性对照。同时还要确保他的缓冲液也没有被其他 DNA 随机片段污染，所测定的确实就是 λDNA[①]：他需要将缓冲液进行一次测序，作为阴性对照。因此，在测序的时候，他不仅要测 λDNA，还有一个已知序列的阳性对照以及缓冲液作为阴性对照。这样，Benny 熟悉了 DNA 测序的准确性（因为他应该知道阳性对照的序列），并且得出其测序的结果是 λDNA 的序列而不是污染的序列。大家可能注意到，运用正确的对照，Benny 能够建立起一个系统回答其实验结构框架的问题，在这个过程中，对于单独的实验疑问再建立起亚系统并加以证明（换句话说，一个人只有在能够对 DNA 进行测序的时候，才能够解决“λDNA 的序列是什么？”的疑问）。为了在实验中融入已经讨论过的实验指导准则（或者是在接下来的章节中会讨论到的）——例如，重复实验以及运用多种形式来提问的必要性——Benny 会对 λDNA 的每一条单链都进行测序。不必详述，测序会产生多重的、交叉的 DNA 序列结果，这使得测序必须经过多次实验验证。对第二条单链进行测序同样也有必要，可以用于检测第一条单链测序的精确性[②]。这是很有说服力的检测，因为如果结果是正确的，第二条 DNA 单链的序列将会与第一条完全互补；如果不正确，那么有疑问的序列必须重新加以分析。

---

① 再一次强调，在这些章节前的实验中引入了不同的对照实际上列举出了这些对照，并使这些对照形式化了。这看起来是一种退步，但是目的是要给读者一种概念——该如何使用对照，并且为什么这些对照是必要的，因此当我们在描述的时候，最好突现出其重要性。

② 因为 DNA 中碱基配对具有特异性（A 与 T 配对，C 与 G 配对），第一条单链总是和第二条完全互补，例如，5′ATGTGA 3′与互补序列 3′TACACT 5′配对。

可以回忆一下第 6 章中修改过的实验程序核对表：

1. 确定一个实验课题。

2. 提出一个宽泛的问题来定义实验课题的框架。

3. 提出一个子问题来定义一个具体实验的框架，以获得上面提到的宽泛问题的答案。

4. 得到子问题的答案。

5. 通过实验质疑这个结论是否可以代表问题的答案，使用相同的实验方法检验这个结论是否精确。

6. 利用答案来建立模型。

7. 提出新的子问题。

“λDNA 的序列是什么?”的疑问就相当于步骤 3 的一个实例：“提出一个子问题来定义一个具体实验的框架，以获得与上面提到的宽泛问题的答案。”当该问题被重复时，得出该序列的重复实验可以满足得到相同结果的需要。“λDNA 的序列是什么?”的答案，最终将成为建立回答实验框架问题的必要条件。在我们运用这个案例继续进行解释的时候，这一点将会得以验证。现在我们可以这样来总结回答“λDNA 的序列是什么?”的实验：

1. 运用标准测序方法，将每一个碱基重复测序几次，得到 λDNA 两条单链的序列。通过检测两条单链是否完全互补来证实实验数据的准确性。

2. 作为阴性对照，确保在仅加入缓冲液的阴性对照中不会得出任何序列的数据。

3. 作为阳性对照，运用已知序列的 DNA 片段确保该实验方法可以确定阳性对照 DNA 的正确序列。应该运用相同的缓冲液和其他实验材料来对阳性对照 DNA、λDNA 以及阴性对照进行测序。

Benny 接下来需要解决的实验目标问题是：

b. 用 *Eco*R Ⅰ切割 λDNA 产生的 DNA 片段大小是多少?

要回答这个问题，Benny 需要做两件事：

1. 用 *Eco*R Ⅰ切割 λDNA。

2. 将酶切产物片段按片段大小分离开，并确定大小有什么不同。

通过将酶切得到的 λDNA 的片段分离开并且表示出来，Benny 实际上已经表明他运用 *Eco*R Ⅰ切割 λDNA 了，因此他需要做的这两件事是相关联的。我们先前讨论了 Benny 用以证明“*Eco*R Ⅰ能够切割 λDNA”需要做的事情。现在对实验进行总结：

1. 将 λDNA 在特定的条件下（如 Marshall 建立的条件）与 *Eco*R Ⅰ进行孵育。

2. 作为阴性对照，证明是 *Eco*R Ⅰ影响 λDNA 的切割，将另一个样品的

λDNA 不与 *Eco*R Ⅰ一起进行孵育。这个阴性对照将会展示，λDNA 在 *Eco*R Ⅰ不存在的情况下并不会被分割成小片段。

3. 作为阳性对照，为了表明条件适合限制性内切核酸酶发挥作用，用另一种酶（非 *Eco*R Ⅰ）切割 λDNA。最理想的是这个酶在相同的条件下也能够切割 λDNA；但是结果的小片段应该与 *Eco*R Ⅰ切割产生的片段大小有所不同。

接下来，只要 *Eco*R Ⅰ切割完全，Benny 必须证明他能够运用所谓的“凝胶电泳法”将 DNA 按片段大小分离开，并且能够识别 *Eco*R Ⅰ切割 λDNA 产生的片段。因此，他需要获得已知大小的一系列 DNA 片段（标准片段大小，即 marker)，用于检测切割 λDNA 所产生片段的大小。Benny 需要重复几次该实验，或许运用不同大小的标准片段来获得尽可能精确的结果。我们可以运用以下方式总结这部分实验，明确 *Eco*R Ⅰ切割 λDNA 所产生片段的大小：

1. 将 *Eco*R Ⅰ切割 λDNA 产生的片段进行凝胶电泳分离。

2. 作为阴性对照，将没有与 *Eco*R Ⅰ孵育的 λDNA 进行凝胶电泳法分离。

3. 作为阳性对照，用已知能够切割 λDNA 的酶与 λDNA 一起孵育，将结果片段进行凝胶电泳分离。

4. 作为 *Eco*R Ⅰ切割 λDNA 的片段大小参照标准，将具有预定大小的标准 DNA 片段进行凝胶电泳分离。

注意在这个实验中，没有固定的设置，就同测序实验一样。因此，为了满足实验的需要，Benny 需要将此实验重复几次。如果 Benny 用多重大小的 DNA 标准片段与他的所有样品在同一块凝胶上进行电泳，那么这将会十分有利，这样他能够更精确地对 DNA 片段进行比较（图 1)。

在获得数据解决了这一特定的问题后，Benny 可以提出一个 *Eco*R Ⅰ如何发挥作用的模型。第一，他现在已经证明了 *Eco*R Ⅰ能够切割 λDNA，产生可重复获得的离散 DNA 片段。这些数据有助于证实 Marshall 告诉 Benny 的关于 *Eco*R Ⅰ的性质。正如我们所看到，这些片段为 Benny 回答他主要的实验疑问提供了素材。现在，让我们进入 Benny 提出的下一个实验问题：

c. 对于每一个被 *Eco*R Ⅰ切割后的 λDNA 的片段来说，其末端的严格序列是什么？

为了解决这个问题，Benny 需要对 *Eco*R Ⅰ切割 λDNA 后的片段末端进行测序。这个实验可以用实验步骤 a 中的方法加以证实。当 Benny 获得了这些数据，他会知道 *Eco*R Ⅰ作用后是否会留下可重复的切割片段。让我们假设他试验后发现 *Eco*R Ⅰ作用后留下了黏性末端（如前面的定义)。他发现每一个末端都具有 5′AATT 3′片段。因此，有了这些数据，Benny 最终就有证据证实 *Eco*R Ⅰ确实是限制性内切核酸酶的观点，因为它表现出在一致的位点进行切割。注意，这个结构是回文的。

5′ A A T T3′
3′ T T A A5′

现在，Benny 处于在科学实验中经常出现的境地——他有数据可以让他开始建立起一个模型，但是不知道在回答他提出的问题上，现在处于什么位置。在这样的情况下，他不知道 *Eco*R Ⅰ切割留下的位点是否能够代表这个酶完整的酶切位点。可能 AATT 就是酶切位点的全部内容，也有可能这些碱基只是代表一个更大的识别位点的一部分。测定 *Eco*R Ⅰ切割末端的序列是为了让 Benny 将实验方向确定在DNA 序列上；换句话说，他现在可以运用电脑找到 AATT 在 λDNA 基因组上的位点，以此确定 *Eco*R Ⅰ诱导的 λDNA 在这些位点上的切割能否得到他在实验中获取的那些片段，或者说，他需要了解 AATT 周围额外的序列是否能够解释实验结果。

Benny 现在知道了 *Eco*R Ⅰ切割 λDNA 片段大小，并且他能够在至少具有 AATT 序列的位点预测 *Eco*R Ⅰ的酶切位点；换言之，这个序列显然是 *Eco*R Ⅰ酶切位点必需的，因为它在 *Eco*R Ⅰ切割 λDNA 的每一个片段中都存在，但是 Benny 现在还不知道，这对于 *Eco*R Ⅰ切割 DNA 是不是已经足够。

“过早地下定论”以及“在假说可行的时候定论”

通常在科学实验中，科学家收集到一小部分数据就会过多地进行解释，这样，科学家会认为他们的实验是一个“完整的故事”，而非运用数据起始一个模型。但是通常这都是不正确的。我们用下面的例子来讨论这一点：Benny 运用他目前为止收集的数据——*Eco*R Ⅰ切割 λDNA 得到带有 5′AATT 3′末端的片段——得出结论：他解决了主要问题“AATT 序列足够使 *Eco*R Ⅰ切割 λDNA”。

这个结论可能正确，但是又可能是错误的。但是肯定的是这个结论不是 Benny 提出的简单问题的答案：

c. 对于每一个被 *Eco*R Ⅰ切割后的 λDNA 的片段来说，其末端的严格序列是什么？

这个问题已经解决了。结果就是 *Eco*R Ⅰ切割 λDNA 的片段末端严格序列是 AATT，Benny 现在可以得出结论 *Eco*R Ⅰ切割 λDNA 所需的序列至少是以下形式：

5′ x x x A A T T y y y 3′
3′ y y y T T A A x x x 5′

并且 *Eco*R Ⅰ切割这个序列产生了如下片段：

5′ x x x A A T T 3′ 3′ y y y 5′	以及	5′ y y y 3′ 3′ T T A A x x x 5′

事实上，Benny 并没有完成他的实验框架，也没有在 λDNA 序列中寻找 AATT 周围是否存在额外的 DNA 序列构成回文结构。更重要的是，他没有进行实验检测将 AATT 序列加入到 θDNA 中是否足够使得 *Eco*R Ⅰ能够切割 θDNA。尤其重要的是，这个序列特别简单，他甚至还没有检测 λDNA 中 AATT 出现的次数，或者 AATT 出现的位点。如果他做了这些，Benny 会意识到这些预测的消化位点是否能够得到与其实验结果一致的片段大小。

要注意，现在才是应该提出有效假说的地方。现在，可能的 *Eco*R Ⅰ识别位点数目已经被限制在那些具有 AATT 序列的地方，建立起可以推翻的假说也变得比较可行。这个假说可以包括以下两点：

1. *Eco*R Ⅰ酶切位点包括 AATT。
2. AATT 序列组成了 *Eco*R Ⅰ酶切位点。

不管 Benny 有没有过早地下结论，都可以通过实验框架问题预计的实验很快地检测第二个假说的正确性。在“提问-回答结构框架”中，实验应该以回答以下的问题为重心：

哪些 DNA 序列足够使 *Eco*R Ⅰ能够切割 DNA?

这个问题与 Benny 的实验设计是相似的，也就是

f. 在步骤 e 中获得的序列在插入 θDNA 后会不会使 *Eco*R Ⅰ能够切割 θDNA?

但是在 Benny 的实验设计中，他应该首先检测 λDNA 的序列，确定是不是所有的 AATT 位点都与他实验获得的片段有关联。实验框架设计方法使 Benny 节约了很多时间，不过，跟随他现在的路线，Benny 仍然可能得到正确的答案，我们还可能学到很有用的一课——“过早下定论”。

Benny 现在面临着以下问题：

AATT 序列的存在是否足够使 *Eco*R Ⅰ能够切割 DNA?

为了解决这个问题，Benny 必须能够将 AATT 序列插入到不能被 *Eco*R Ⅰ切割的 θDNA 的 DNA 中。除此之外，很重要的一点是必须避免“偏差”。因此，Benny 需要做一个“偏差对照”。这个偏差对照包括将 AATT 序列插入到 θDNA 基因组的不同位点；我们很快就会看到这个偏差对照具有多大的价值。现在，为了对“AATT 序列的存在是否足够使 *Eco*R Ⅰ能够切割 DNA”进行公正的检测，必须将这段序列在 θDNA 不同位点上插入——这些地方不存在共同的元件。

Benny 运用聚合酶链反应（PCR）[①] 将 AATT 插入 θDNA 基因组。为了避免偏差，他将该序列插入了每一个可能的 DNA“邻近重组位点”，用 * 表示，如下表所示。

---

① 聚合酶链反应是一项有用的技术，获得了 1993 年诺贝尔化学奖。

实验组	插入位点	得到的序列
1	A * A	AAATTA
2	A * C	AAATTC
3	A * G	AAATTG
4	A * T	AAATTT
5	C * A	CAATTA
6	C * C	CAATTC
7	C * G	CAATTG
8	C * T	CAATTT
9	G * A	GAATTA
10	G * C	GAATTC
11	G * G	GAATTG
12	G * T	GAATTT
13	T * A	TAATTA
14	T * C	TAATTC
15	T * G	TAATTG
16	T * T	TAATTT

记住每一个序列都是被 θDNA 的其他序列包围着的。例如，TAATTT 可能被 θDNA 里的任何序列环绕。Benny 接下来除了将未修饰的 θDNA 作为阴性对照以及将 λDNA 作为阳性对照进行 *Eco*R Ⅰ切割以外，对每一管修饰过的 θDNA 都进行 *Eco*R Ⅰ切割。作为防止其他酶污染的对照，他还有一管 θDNA 是没有加入 *Eco*R Ⅰ的。最后，为了确保 θDNA 没有被限制性内切核酸酶抑制剂污染，他运用另一种已知可以切割未修饰的 θDNA 的酶——*Hind* Ⅲ[①]来消化 θDNA。Benny 进行酶切和凝胶电泳来确定 θDNA 是否被消化了。他得到了以下结果：

实验组	插入位点	得到的序列	*Eco*R Ⅰ是否成功切割
1	A * A	AAATTA	否
2	A * C	AAATTC	否
3	A * G	AAATTG	否
4	A * T	AAATTT	否
5	C * A	CAATTA	否
6	C * C	CAATTC	否
7	C * G	CAATTG	否
8	C * T	CAATTT	否
9	G * A	GAATTA	否
10	G * C	GAATTC	是
11	G * G	GAATTG	否
12	G * T	GAATTT	否
13	T * A	TAATTA	否
14	T * C	TAATTC	否
15	T * G	TAATTG	否
16	T * T	TAATTT	否
17	无突变 θDNA		否
18	λDNA		是
19	无突变 θDNA，无 *Eco*R Ⅰ		否
20	无突变 θDNA，*Hind* Ⅲ		

① 正如前面提到的，这些对照类型在以后都有章节对其进行描述。

Benny 将此实验重复了三次，每次都得到相同的结果。这样的结果意味着什么呢？我们回溯一下实验的框架：首先，提出了一个假说："AATT 序列构成了 *Eco*R Ⅰ的酶切位点"。然后出现了以下问题：

AATT 序列的存在是否足够使 *Eco*R Ⅰ能够切割 DNA？

这才是 Benny 需要做的事情，对于实验框架设计来说："AATT 序列构成了 *Eco*R Ⅰ的酶切位点"是被推翻了的，因为在案例 15 及 16 中，AATT 的存在并没有使 θDNA 被切割。因此，并非仅是 AATT 序列构成了 *Eco*R Ⅰ的酶切位点。对于"AATT 序列的存在是否足够使 *Eco*R Ⅰ能够切割 DNA？"这个问题，答案显然是否定的，因为在第 15 及 16 组中，AATT 的存在不足以使 *Eco*R Ⅰ切割 θDNA。此时，Benny 推翻了一个假说，并且解决了一个问题。Benny 可谓兴高采烈，为什么呢？因为在第 10 组中，Benny 插入 θDNA 的片段 GAATTC 足够使 *Eco*R Ⅰ切割 θDNA。Benny 考虑到如果他将假说改成"GAATTC"组成了 *Eco*R Ⅰ酶切位点，他可能能够证明它是正确的了。换言之，如果他将问题变成"GAATTC 序列的存在是否足够使 *Eco*R Ⅰ能够切割 DNA？"那么答案很可能是肯定的。

Benny 带着这个新的结果去告诉 Marshall 他解决了这个问题，GAATTC 是 *Eco*R Ⅰ的酶切位点。他将所有的数据详细地告诉 Marshall，并提出证据显示将 AATT 序列加入到 GC 之间插到 θDNA 后会使 *Eco*R Ⅰ切割 DNA，但是在其他的情况下，AATT 是不会被切割的。

然而 Marshall 告诉 Benny 他不能够得出 GAATTC 是 *Eco*R Ⅰ的酶切位点的结论。Benny 所做的主要工作仅仅是证明了 AATT 不足以使 *Eco*R Ⅰ切割 θDNA，即 AATT 不足以使 DNA 被切割。对于第 10 组数据，Marshall 认为"Benny 已经扩大了其演绎推理空间"。他的意思是，Benny 从实验中获得了一些知识，他能够运用这些提出一个新的问题和假说。让我们始终坚持"提问-回答"方法论，为 Benny 设计出一个可能的新问题实验框架：

GAATTC 序列的存在是否足够使 *Eco*R Ⅰ能够切割 DNA？

记住，Benny 以回顾的形式重新确定其先前的框架性问题。我们应该指出以下内容：你不能够以回顾性形式重新审视并改变一个假说；也就是说，你不能够改变一个已经进行的实验的结构框架。

但是，你可以用已经收集的信息组成一个新的假说或疑问并进行新的实验。注意问题"GAATTC 序列的存在是否足够使 *Eco*R Ⅰ能够切割 DNA？"的结构与之前的问题"AATT 序列的存在是否足够使 *Eco*R Ⅰ能够切割 DNA？"结构框架是一致的。但是，现在 Benny 是用先前实验获得的信息来重新精炼他的问题。当 Benny 告诉 Marshall 他试图去解决这个问题的时候，Marshall 很有耐心地告诉他这不是他最初的计划。最初的时候，Benny 制定了这样的实验方法计划：

a. λDNA 的序列是什么？

b. 用 *Eco*R Ⅰ切割 λDNA 产生的 DNA 片段大小是多少？

c. 对于每一个被 *Eco*R Ⅰ切割后的 λDNA 的片段来说，其末端的严格序列是什么？

d. λDNA 会不会具有重复的 DNA 序列，在经过切割后，会得到一些 *Eco*R Ⅰ作用后的片段大小，并且这个重复的序列包含步骤 c 中确定的 DNA 序列？

e. 如果步骤 d 的答案是肯定的，那么这个序列是什么？①

f. 在步骤 e 中获得的序列在插入 θDNA 后会不会使 *Eco*R Ⅰ能够切割 θDNA？

g. 现在我们可不可以说“哪些 DNA 序列足够使 *Eco*R Ⅰ能够切割 DNA?”的问题得以解决了？换句话说，发现的序列是不是可以代表 *Eco*R Ⅰ在 λDNA 中所有的酶切位点？

h. 如果步骤 g 的答案是否定的，那么发现的序列不能代表的其余序列是什么？

Benny 发现步骤 c 的答案是 AATT 时十分兴奋，因此他改变了实验方法。现在他进行新的实验方法，他可能会找到正确的答案，但是 Marshall 希望 Benny 按照之前的实验结构框架进行下去看会出现什么情况。

Benny 决定听取 Marshall 的意见，但是他也希望提出新问题。Marshall 指出接下来的两个步骤需要用电脑搜索一点信息。最后，Benny 被说服了，决定回到开始的实验计划并重新审视它。他意识到在第四个实验（步骤 d）之后他需要短暂的暂停。以下是步骤 d 和步骤 e 中的问题：

d. λDNA 会不会具有重复的 DNA 序列，在经过切割后，会得到一些 *Eco*R Ⅰ作用后的片段大小，并且这个重复的序列包含步骤 c 中确定的 DNA 序列？

e. 如果步骤 d 的答案是肯定的，那么这个序列是什么？

Benny 找出 λDNA 的序列，找出所有的位点②。然后他求助于电脑，这些重组的 AATT 位点被切割时会不会得到切割 λDNA 时的片段，这些重组位点 AATT 周围是否含有一个普遍的序列。结果是肯定的。

---

① 如果这个问题的答案是否定的，那么 *Eco*R Ⅰ可能属于一类稀有的限制性内切核酸酶家族，具有不止一个 DNA 酶切位点。那样的话，Benny 必须改变他的实验方法来适应这种可能性。该实验课题完整的实验方法列表对于这个疑问需要包含答案是否定的这种情况。

② 为了解决这个问题，Benny 需要一个简单的电脑程序。一旦 Benny 通过凝胶电泳确定了 *Eco*R Ⅰ切割大小，以及每一个 DNA 片段的末端的序列时，他就可以将这些数据输入电脑。电脑会根据一个运算法则，将不同长度的 DNA 片段放到每一个潜在的序列间隔位点，并且询问是否存在该序列 DNA 在这些位点能够解释产生片段长度的实验结果。一旦电脑找到末端序列 DNA，就会确定该序列周围是否存在重复序列能够解释 *Eco*R Ⅰ的酶切位点。

当 Benny 进行到步骤 e 的时候，提出“如果步骤 d 的答案是肯定的，那么这个序列是什么?”结果就是：

GAATTC

换句话说，如果 Benny 简单地在 *Eco*R Ⅰ切割 λDNA 产生的 AATT 末端片段中进行分析，然后寻找是否在获得的片段中有和 AATT 一样的序列，他会发现，电脑可以预测到在 GAATTC 处切割会得到实验中所获得的片段。

Benny 现在有一种始作俑者的感觉了，因为他意识到，如果他没有“过早下定论”，他可能已经得到“正确的答案”了。他告诉 Marshall 他是对的，跟随最初的实验计划使他找到了答案并且没有做多余的实验。当 Marshall 问 Benny 想表达的意思时，Benny 解释到：GAATTC 在 λDNA 中只出现了几次，并且当 λDNA 在这些位点被切割的时候，就能够获得 Benny 切割 λDNA 时获得的片段。

Marshall 耐心地指出 Benny 仍然没有证明出任何问题，只不过是在其演绎推理空间中增加了更多的内容。下一步需要解决的实验设计是：

f. 在步骤 e 中获得的序列在插入 θDNA 后会不会使 *Eco*R Ⅰ能够切割 θDNA?

假设 λDNA 长为 10 000bp（碱基对），*Eco*R Ⅰ将 λDNA 切割成 3 个片段。一个片段长 2000bp，一个长 3000bp，一个长 5000bp。在确定了这一点之后，电脑程序会提出问题，看是否会有一个包含 AATT 的重复序列存在于 λDNA 中，经切割会产生这些片段大小。之后电脑会提供一个结果。在现在这个例子中，程序运行结果是 GAATTC。

或者对于这个特殊的案例来说，可以以这样的方式提出问题：

GAATTC 序列的存在是否足够使 *Eco*R Ⅰ能够切割 DNA?

注意这个问题同 Benny 打算提出的问题实际上是一样的，建立在从 AATT 到先前的实验案例 10 种获得结果的基础上。这一点证明了以下问题：

1. 获得正确实验结果的途径有多种。

2. 两种实验方法都需要提出新的问题；从先前的实验中获得具有一定启示意义的数据不足以解释一个新的不同的问题。

3. 运用独特的实验方法论进行最后证明通常会包含一个简单的、双元的，但是却受到高度限制的问题。

Marshall 现在给 Benny 继续提出他的疑问（“GAATTC 序列的存在是否足够使 *Eco*R Ⅰ能够切割 DNA?”）的信号。为了解决这个问题，正如在解决先前关于 AATT 的问题一样，Benny 必须能够将 GAATTC 插入到不能够被 *Eco*R Ⅰ切割的 θDNA 中去。除了像以前那样，现在需要注意更多，必须避免出现偏差，尤其是现在 Benny“十分”确信他实验的主要问题答案就是 GAATTC。正如在先前的实验中，为了公正地检测 GAATTC 序列的存在是否足够使 *Eco*R Ⅰ能够切割 DNA，必须在 θDNA 不具有普遍共性的位点插入 GAATTC。Benny 再次使用 PCR 技术，但这次他是将 GAATTC，而不是 AATT 插入到了 θDNA 的基因组中。正如他在先前的实验中所做的那样，他将 GAATTC 插入到每一个可能的 DNA 邻近重组为点，标记为 * ，如展示的那样，他得到了以下序列：

实验组	插入位点	得到的序列
1	A * A	AGAATTCA
2	A * C	AGAATTCC
3	A * G	AGAATTCG
4	A * T	AGAATTCT
5	C * A	CGAATTCA
6	C * C	CGAATTCC
7	C * G	CGAATTCG
8	C * T	CGAATTCT
9	G * A	GGAATTCA
10	G * C	GGAATTCC
11	G * G	GGAATTCG
12	G * T	GGAATTCT
13	T * A	TGAATTCA
14	T * C	TGAATTCC
15	T * G	TGAATTCG
16	T * T	TGAATTCT

Benny 接着检测了每一个结果序列，检测在 θDNA 中插入了这个序列后 *Eco*R Ⅰ是否能够切割 θDNA。同先前的实验一样，他使用了相同的阴性对照和阳性对照：他用没有插入新序列的 θDNA 作为阴性对照，用已经证明能够被 *Eco*R Ⅰ切割的 λDNA 作为阳性对照。他也用 *Hind* Ⅲ对照以及没有限制性内切核酸酶的对照检测限制性内切核酸酶污染的现象。他进行了实验，得到了如下数据：

实验组	插入位点	得到的序列	*Eco*R Ⅰ是否成功切割
1	A * A	AGAATTCA	是
2	A * C	AGAATTCC	是
3	A * G	AGAATTCG	是
4	A * T	AGAATTCT	是
5	C * A	CGAATTCA	是
6	C * C	CGAATTCC	是
7	C * G	CGAATTCG	是
8	C * T	CGAATTCT	是
9	G * A	GGAATTCA	是
10	G * C	GGAATTCC	是
11	G * G	GGAATTCG	是
12	G * T	GGAATTCT	是
13	T * A	TGAATTCA	是
14	T * C	TGAATTCC	是
15	T * G	TGAATTCG	是
16	T * T	TGAATTCT	是
17	无突变 θDNA		否
18	λDNA		是
19	无突变 θDNA，无 *Eco*R Ⅰ		否
20	无突变 θDNA，*Hind* Ⅲ		N. A.

此时 Benny 十分想要冲进 Marshall 的办公室欢呼“找到了”，但是想到上次他不成熟地闯进那里时 Marshall 的表情，他不得不克制住自己。这次，Benny 坐到他的桌子旁，抽出他的实验设计，确定他没有忘记任何事情。第一件事是他记得重复自己的实验。他实际上进行了 5 次。每一次，他都得到相同的结果。接下来，他拿出实验计划，阅读了一次，注意到以下问题：

g. 现在我们可不可以说“哪些 DNA 序列足够使 *Eco*R Ⅰ能够切割 DNA?”的问题得以解决了？换句话说，发现的序列是不是可以代表 *Eco*R Ⅰ在 λDNA 中所有的酶切位点？

h. 如果步骤 g 的答案是否定的，那么发现的序列不能代表的其余的序列是什么？

他求助于电脑，这次对 GAATTC 序列进行搜索。程序将 λDNA 中的这个序列的位点都列举了出来。Benny 之后进行了计算，确定了如果 *Eco*R Ⅰ切割了所有的 GAATTC 位点，那么结果就会如实验中获得的数据那样。Benny 进行进一步检查，发现实验设计中没有其他问题了，因此他回到了实验的框架性问题：

哪些 DNA 序列足够使 *Eco*R Ⅰ能够切割 DNA?

在这个问题下，他写下了答案：

GAATTC

他回顾这些问题，叹了口气，因为他需要确定的是是否不止一个序列才足以使 *Eco*R Ⅰ能够切割 DNA。但是至少对于 λDNA 来说，他证明了 GAATTC 能够解释所有的酶切位点。因此，对于该实验，这个答案仍然是相同的：GAATTC。

运用多种方法提出实验疑问，确保必要性与充分性

在这个时候，Benny 真的认为他已经找到了问题的答案。他证明了将 GAATTC 插入到原本不会被 *Eco*R Ⅰ切割的 θDNA 中足以使 θDNA 被消化。他也证实了原本存在于 λDNA 中的 GAATTC 序列足以解释 *Eco*R Ⅰ的切割方式。然而，Benny 希望自己避免像“新手”那样忽略某些东西，因此他决定提出一个新的疑问。

λDNA 中的 GAATTC 位点突变会不会导致这些区域不被 *Eco*R Ⅰ切割？

注意这个问题转向了一个不同的方向。它不是提出 GAATTC 是否足以使 *Eco*R Ⅰ切割 DNA；而是提出 GAATTC 对于“*Eco*R Ⅰ切割 DNA”是否是必要的。例如，可能有一些邻近的序列加上 GAATTC 共同作用才使得 *Eco*R Ⅰ能够切割 DNA。这很不现实，尤其是因为将 GAATTC 插入到一个新的 DNA 片段 θDNA 里面的时候，*Eco*R Ⅰ能够切割 DNA。但是，新的实验以一种独特的方式

证明了 *Eco*R Ⅰ切割的特异性；例如，有人可能会认为自然情况下存在的 λDNA 具有某些额外的特性，使其特异性地被 *Eco*R Ⅰ切割。换种方式来说，因为你需要 GAATTC 序列使 *Eco*R Ⅰ能够切割 DNA 并不一定意味着 GAATTC 的完整性对 *Eco*R Ⅰ切割 λDNA 具有必要性；这整个序列可能仅仅使 *Eco*R Ⅰ切割 DNA 更有效。因此，Benny 做突变的实验会探求更多，不仅仅是“必要”与“充分”的关系；这也是作为一个对照，确保对 θDNA 的完整性没有特殊的需求。

为了解决这个新的问题，Benny 将 λDNA 不同位置的 GAATTC 序列依次突变。作为对照，他保留了一个没有突变的 λDNA（野生型 λDNA）。作为进一步的对照，他将 λDNA 的全部 GAATTC 位点同时突变成 GAATTA。因此，他具有以下几管 DNA：

实验组	序列
1	位点 1 突变成 GAATTA，其他位点不变
2	位点 2 突变成 GAATTA，其他位点不变
3	位点 3 突变成 GAATTA，其他位点不变
4	位点 4 突变成 GAATTA，其他位点不变
5	位点 5 突变成 GAATTA，其他位点不变
6	位点 6 突变成 GAATTA，其他位点不变
7	GAATTC（无突变对照）
8	所有位点均突变成 GAATTA

Benny 之后进行酶切消化以及将每一管 DNA 在凝胶上进行电泳分离。他获得了以下数据：

实验组	
1	片段大小为位点 2～6 的切割结果，位点 1 未被消化
2	片段大小为位点 1，3～6 的切割结果，位点 2 未被消化
3	片段大小为位点 1，2，4～6 的切割结果，位点 3 未被消化
4	片段大小为位点 1～3，5，6 的切割结果，位点 4 未被消化
5	片段大小为位点 1～4，6 的切割结果，位点 5 未被消化
6	片段大小为位点 1～5 的切割结果，位点 6 未被消化
7	所有位点都被消化
8	DNA 没有被消化

Benny 将此实验重复了五次，每次都得到了相同的结果。从这些数据，Benny 得出结论，不管从哪个位点突变 GAATTC，都能够阻止 *Eco*R Ⅰ切割 λDNA 该突变位点。因此，GAATTC 不仅足以使 *Eco*R Ⅰ切割 DNA，在每一个组成成分中，它同时也是充分的。需要指出的是，不是所有的情况都需要满足“必要”

和“充分”的标准才能定义为“重要的”。例如，可以证明“吸烟会导致癌症”，但是也能够证明“吸烟不足以导致癌症”(因为不是所有吸烟的人都会患上癌症)和“吸烟不是导致癌症的必要条件”(因为不吸烟的人也会患癌症)。然而，如果显示吸烟显著地提高了患癌症的概率，那么就可以得出结论“吸烟会导致癌症”。但是，“必要”和“充分”测试会帮助引导科学家发现一些额外的情景，这些情景表明吸烟或多或少会导致癌症，或者在某些情况下弄清楚有的人为什么五十年来一天吸三包烟仍不会得癌症。因此，弄明白这些概念是十分有用的。在目前的案例中，科学家有义务提出这样的疑问：GAATTC 对于 *Eco*R Ⅰ切割 DNA 是否是必要的，因为这些概念在 Benny 提出的实验结构框架疑问中是被提出的。

建立模型并且根据模型预测实验结果

Benny 需要根据自己的数据建立起一个模型。首先，他重新提出他的结构框架问题：“哪些 DNA 序列足够使 *Eco*R Ⅰ能够切割 DNA?”他提出一个模型来解释他的疑问。以下序列足以使 *Eco*R Ⅰ能够切割 DNA：

5′ G A A T T C 3′

3′ C T T A A G 5′

Benny 进一步陈述他的模型：

*Eco*R Ⅰ在以下位点切割 DNA：

5′ G A A T T C 3′

3′ C T T A A G 5′

他考虑将 *Eco*R Ⅰ切割 DNA 后的末端结构加入到模型中，但是因为这个不是课题的重点，他将这一点留到进一步确定性实验中。

提出模型来说明这个 DNA 足以使 *Eco*R Ⅰ切割 DNA 后，Benny 希望证实该模型能够预测实验结果。他提出疑问：“该模型预测 *Eco*R Ⅰ切割 DNA 的位点的精确度有多少?”

为了解决这个问题，Benny 决定进行一个新的实验。他需要几个已知序列的细菌，计划运用电脑程序预测用 *Eco*R Ⅰ切割 DNA 能够产生的片段大小。他想通过 *Eco*R Ⅰ消化这些 DNA 来检验他的预测是否精确（并且看精确度有多少)。他设计了以下实验：

1. 消化 5 个至少具有 5 个 GAATTC 位点的 DNA 序列（A～E)，总共具有 25 个 *Eco*R Ⅰ酶切位点。作为阳性对照，确保 DNA 没有被限制性内切核酸酶抑制剂污染，这 5 个序列会用另一个酶 *Hind* Ⅲ切割。作为阴性对照，为了确保 DNA 没有被其他限制性内切核酸酶污染，Benny 会在 5 管样品中不加入限制性内切核酸酶。

2. 用 *Eco*R Ⅰ消化 5 个不具有 GAATTC 位点的 DNA 序列（F～J）。作为阳性对照，这 5 个序列会用另一个酶 *Hind* Ⅲ切割，他知道 *Hind* Ⅲ能够消化这些序列。作为阴性对照，他会在 F～J 样品中不加入限制性内切核酸酶。

Benny 实验后发现 *Eco*R Ⅰ切割 A～E 的 DNA 片段大小与预测的一致。进一步，他观察到不具有 GAATTC 位点的 DNA 序列 F～J 能够被 *Hind* Ⅲ消化，却不受 *Eco*R Ⅰ影响。A～E 在 *Eco*R Ⅰ以及 *Hind* Ⅲ不存在的情况下是不被切割的。因此，在 25 个 GAATTC 位点中，25 个都被切割，Benny 的模型能够精确地预测 *Eco*R Ⅰ在哪里能够切割。

如果 Benny 在确定 *Eco*R Ⅰ切割特定的位点前没有对序列数据进行分析呢？他是否还能够运用模型来预测实验的结果？答案也是肯定的，简单地重复几次他的实验就可以了。换句话说，他一旦得到 *Eco*R Ⅰ切割产生的 DNA 片段大小的数据，那么他可以提出疑问：该结果经过重复是否仍然能够得到相同的答案。因此，我们通过简单的重复，得到了显著性的差异，可以作为预测结果的需要，就像将一个球从高处落下多次证明重力的存在一样。

宣告实验疑问得到了解决

Benny 收集所有的数据以及建立的模型，将实验结果展示给 Marshall。Marshall 将所有的资料浏览了一下。对于每一个实验，Marshall 都会问 Benny 是否重复过，他会得到肯定的答复。Marshall 接着想看看原始的数据，也就是凝胶电泳的图片——并且他亲自检查 *Eco*R Ⅰ切割产生的每一个片段的大小。他的分析与 Benny 的是一致的。然后 Marshall 决定做一件 Benny 十分不喜欢做的事情，Marshall 将其解释为“实验主义对照”（在稍后会讨论的）。Marshall 查阅文献，发现一个新的具有已知序列的 DNA 片段，Benny 没有检测过这个片段，Marshall 让实验室的另一个科学家检测用 *Eco*R Ⅰ切割新的 DNA 片段看这个数据是否与 Benny 的结果一致。Marshall 运用 Benny 的模型计算 *Eco*R Ⅰ切割新的 DNA 的 GAATTC 位点产生的片段大小。第二个科学家做了实验后将结果给 Marshall 和 Benny 看。结果显示 *Eco*R Ⅰ切割新的 DNA 产生的片段大小与的模型是一致的。

Marshall 现在同意 Benny 的研究：“哪些 DNA 序列足够使 *Eco*R Ⅰ能够切割 DNA?”的答案是“GAATTC”，并且 *Eco*R Ⅰ在 GAATTC 处切割。他们开始勾画 Benny 的第一个科学实验蓝图。

11 实验重复

——获得数据用以模拟未来结果的过程

重复实验就像观察者记录太阳日复一日的升起降落一样，在这个过程中科学家可以得到足够的知识建立模型从而说明事实。如果没有重复的话，就无法判断单次的实验是否具有代表性。在“天空是什么颜色?”这个例子中，必须记录许多不同时间点所对应的天空颜色，如果仅选择一个时间点，那么结果的预测值就会很低。为了对一个现象做出准确的描述，必须准备足量的数据，然后用统计学中的数学公式使之格式化，从而构成具有统计学重要性的基础。

在这本章的内容中，讲述了不同类型的重复。每一类型的样本都需要足量的数据来产生一个准确的模型。并不厌其烦地强调一个模型的准确性是由它在多大程度上能代表未来的趋势决定的，而不是由它描述过去的真实性决定的；这也是唯一区别科学和科幻小说的方法。

确定具有统计意义的测量数目

其他一些关于实验设计的著作几乎毫无例外的都是讲述统计学。本书在实验设计的过程中，统计开始得更早。它强调帮助科学家设计一个在设计和说明框架上都没有偏见[①]的实验，并在适当的位置加入对照实验。这些准备工作可以使得统计学被最高效地利用。在本章中，我们更接近统计问题，从统计计算中我们能得知一个实验必须包含数据的数目。如果不够这个数目，实验就没有说服力，也就不能产生一个准确的预测结果。

对任何实验来说，统计学和实验框架的质量一样重要。如果实验数据不充分，那么统计计算就会给出错误的信息。比如说：研究某减肥药是否会引起服药者食欲下降，如果研究样本全部是主动减肥、积极运动、控制饮食的人群，那么毫无疑问这些研究数据将不能预测该减肥药对非主动减肥人群的效用。

具统计意义的测量数目部分由研究系统的可变性来指示。通过一定量的重复就能确定系统的可变性。因此，一个重复的过程是必需的：先通过一系列的测量来评估系统的可变性，从而估计在新实验中所需的具统计意义的数据量。为避免“统计意义”听起来像个不明确的目标，应该强调这个参数需要“被它预测的模

① 至少在框架中更容易识别偏见。

型是否能被未来的实验证实”这个能力来验证。

比如说，中午的天空几乎都是蓝色或灰色的；所以少量的测量数据就能建立模型准确地预测中午天空颜色。然而，如果要观测日出或日落时天空的颜色，就需要更多的测量数据。即使是高质量的数据组，意味着多重数据和对照能证实某测量时间点的天空颜色。因此，可以说重复实验的首要目标就是确定系统的可变范围。在这个过程中，我们也许会发现我们对数据而非“规范”更感兴趣，但是直到规范被定义之前我们不能做出选择。

重复实验的分类

让我们回到“天空是什么颜色?”这个问题上。当设计一系列实验来阐述这个问题时，可以想象 5 种不同类的重复测量：

• 只有进行多次测量某单个时间点的天空颜色，科学家才能确定测量的准确性——每次的测量都相互验证。

• 只有多天重复测量具体时间点时天空颜色，科学家才能确定这个时间点是否是统一的结果。通过这种类型的重复，科学家会发现每一年中日出和日落出现在不同的时间，经过多年的观测后，科学家会发现日出和日落在不同的时间出现这个现象是稳定且可预测的。

• 科学家只有持续多次测量一天中的天空颜色，才会意识到一天中天空的颜色是不断变化的。午夜测量的天空颜色并不能预测中午的天空颜色。

• 只有经过多次测量不同时间点的天空颜色，科学家才会发现地平线处天空颜色不能预测其他区域的天空颜色。

• 只有经过重复实验，科学家才能判断不同组的实验结果是否一致；通过这种方式，科学家将这些数据收集在一起建立一个可信的模型。比如说，如果设计一个实验来每 5min 测量一天中天空的颜色，那么我们就不能说这一组测量能代表一般现象，除非用同样的方法重复多次该实验。

• 一个实验只有在“模型准确吗?”这个问题的指导下，经过多次重复之后从实验数据中建立的模型才能说是合理化的。

最后这种类型的重复促使科学家在模型建立之后继续重复实验，用这种严格的方式检验模型能否准确代表未来所发生的情况。

用一个生物学例子来阐明不同类型的实验重复

打个比方，科学家 Scooter 想研究以高脂肪为食的动物肝脏的基因表达，这个研究项目先提出下面的实验问题。

摄食足以引起肥胖的高脂肪的大鼠和正常饮食的大鼠相比，肝脏哪些基因的表达发生了变化？

实验过程初步按照之前讨论的步骤来进行：

1. 实验方案用一个开放性问题来定义。这个项目的负责人 Leorrah 第一步的目标是了解肥胖者的饮食所导致的肝脏变化。带着这个主要目标，Scooter 首先定义一个宽泛的问题“肥胖症对身体能引起什么样的效应？”在这个问题之内，继续询问“足以引起肥胖症的高脂肪饮食对身体能引起什么样的效应？”。然后回到本实验中，“摄食足以引起肥胖的高脂肪的大鼠和正常饮食的大鼠相比，肝脏哪些基因的表达发生了变化？”通过逐层地提出这些问题，最终能很好地回到所研究的实验上。

2. 高脂肪饮食和正常饮食按如下指标定义：高脂肪指 70%脂肪、15%蛋白质和 15%碳水化合物；正常饮食指 30%脂肪、40%蛋白质和 30%碳水化合物。“基因表达的改变”的幅度要至少在 3 倍以上。预实验得知可以用高脂肪可增肥的、先天容易过分疲劳的大鼠作为实验研究对象[①]。

3. 实验采取逐步验证方法。实验表明大鼠能承受高脂肪饮食和正常饮食。Scooter 分离出大鼠肝脏 RNA，用微阵列芯片（microarray）的方法比较基因的表达变化。同时提取“通用的标准”大鼠的样品作为实验对照，以便于目前的实验结果能与将来的研究做比较（只要“通用的标准”也同样用于以后的研究中）。

接下来，Scooter 提出一个明确的“系统验证”的问题：

在每个时间点，需要多少大鼠肝脏样品呢？

为了阐明这个问题是如何解决的，我们考虑几种不同的情况，从简单的实验设计到复杂的实验设计。另外，这个系统验证问题的分析将使得 Scooter 重新考虑他的定义。

简单的实验设计

在这个例子中，Scooter 没有考虑到一个大鼠肝脏的基因表达变化可能不能代表其他大鼠肝脏的基因表达变化。也没有考虑到某一个时间点的变化可能不能代表一段时间内的变化。照顾大鼠是一件烦琐的事，所以 Scooter 在 12h 的高脂肪处理后就决定给实验做个结论。当他向他的一个伙伴 Benny 提及这件事时，Benny 称赞 Scooter 的这个设计，并指出：采取这个早期的时间点，Scooter 可能会发现最初引起大鼠摄食高脂肪后肝代谢反应的关键基因。Scooter 听后很高兴，

---

① 因为实验最主要的目的是理解肥胖，Scooter 试图确保他的实验与表型是相关的。因此，他把饮食和脂肪增量联系起来，以确保他研究的是足以引起肥胖症的饮食条件下的肝脏变化。

他决定采取他的 12h 时间点了。

现在实验设计好了，Scooter 比较 12h 后高脂肪饮食的一只大鼠和正常饮食的大鼠的肝脏 mRNA 的表达变化（图 1）。值得注意的是：在这个简单的实验设计中，Scooter 不知道系统的变化程度。因为每一个条件下，仅只有一个时间点，所以对任何一个基因来说，都不能计算出它表达的平均值、中值和方差。因此，如果发现高脂肪饮食大鼠中编码 leptin 的基因 mRNA 水平下调了 5 倍，而在对照组大鼠中没有变化，除了接受这个实验结果之外，没有任何可继续做的。如果 Scooter 抛开统计和结果的有意义程度这些指标的话，他也许会简单地得出结论：高脂肪饮食大鼠中 leptin 的水平下调了 5 倍。这个结果就形成了他实验模型的基础。

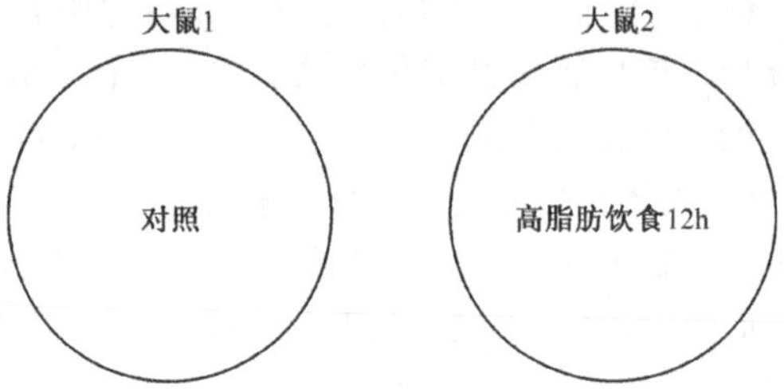

图 1　简单的设计。高脂肪饮食 12h 后某一大鼠肝脏和正常饮食大鼠肝脏的比较。

但是这位天真的科学家至少知道实验模型必须具有其可预测的能力。因此 Scooter 用不同大鼠肝脏的 mRNA 重复这个实验，然而在这个实验中，Scooter 发现 leptin 的表达水平并没有发生变化。现在他进行了两次独立的实验可是得到了相矛盾的结果，可是他并没有理由来说明哪组数据比另一组更有效。很显然地，实验并没有任何进展。

稍微复杂一些的实验设计

Scooter 读了一些关于实验设计的书，跟以前相比，没有那么天真了。他意识到系统存在可变性，他需要确定某个时间点的可变性。所以这一次，在每个实验条件下，Scooter 各采用一只大鼠，但是他把每个大鼠的 mRNA 样品分成 3 份。这样做的话，他就可以确定他测量基因表达变化的方法在相同成分的 mRNA 中是否是一致的（图 2）。

在这个稍微复杂一些的设计中，Scooter 得到的结果数据中变动非常大，即使 mRNA 是来自相同的肝脏，其中一个微阵列芯片（microarray）的结果显示 leptin 的基因表达没有变化，然而另 2 张芯片显示 leptin 的基因表达上调了 5 倍。

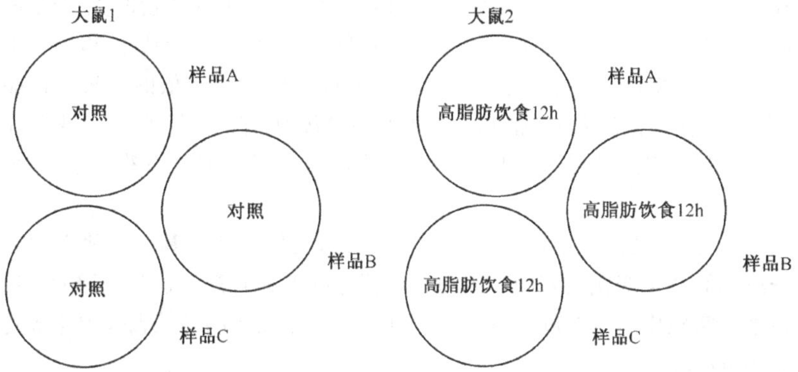

图 2　比图 1 稍微复杂一些的设计。两只大鼠的 mRNA 各分成 3 份，测量基因表达的改变。

因此，在同一个时间点重复这个实验，Scooter 发现这个实验没有可靠性。他得知微阵列芯片在测量 leptin 时不可靠，所以他给制造商发邮件并要求给以后制造的芯片换一个系统，并指出尤其是 leptin 基因需要重新验证。Scooter 还发现 leptin 表达没有变化的 mRNA 是被降解了的，所以他决定在接着的实验中更换 mRNA 样品。

接下来在相同的条件下 Scooter 测量了多组样品，这样一来 Scooter 就能知道他的样品是否可信，他的数据分析系统是否可靠了。用多组样品来测量可以看成是“系统对照”。这些对照同时围绕芯片和 mRNA，更通俗地说，这些系统对照使得实验的测量过程更可靠。

为了验证他的模型，Scooter 用另外两只大鼠来重复实验。作为一致的对照，每个肝脏的 mRNA 又同样被分成 3 份。不幸的是，虽然 3 个样品所得到的结果是一致的，但 Scooter 不能检验他的模型：因为在这次实验中，leptin 的表达水平在两只大鼠中没有发生变化。

改进的研究方案——把单个研究点考虑在内

到现在为止，Scooter 意识到不同的大鼠在高脂肪处理 12h 后 leptin 的变化是不同的。当 Scooter 重新检查芯片上成千上万个基因时，他发现其他许多基因也有同样的变化。在其中一个大鼠样品中，某一个基因的表达水平下降了 1.5 倍，然而在另一个大鼠样品中该基因下降 10 倍。因此 Scooter 意识到他的实验系统得不到正确的验证，为了获得具有实验重复性的数据，他需要一定量的肝脏。

Scooter决定采用20只高脂肪饮食的大鼠和20只正常饮食的大鼠的mRNA作为样品。因为他已经证明了他的实验技术是一致的、可信的，所以他可能决定每只大鼠的mRNA仅取一个样品，根据他先前的经验，他依旧对每个样品测量3次。每个实验组他需要60张芯片，即总计120张芯片。这是一个花费高昂的实验，但是他意识到先前他浪费了很多时间和材料，可没有得到任何有用的结果。

Scooter首先进行了正确的统计，找出表达变化显著的基因。他剔除由于数据自身波动而产生变化的基因；因为在计算标准差的时候，这些基因的标准差太高。在这个实验中，在300个基因中，其中一个是在高脂肪饮食大鼠中表达增加了3倍的leptin。

这个实验的其他基因被分析之后，Scooter发现这300个基因的表达变化要么上调要么下调，两个条件的实验组大鼠中，变化都至少在3倍以上，用合适的统计方法算出 $p<0.05$[①]，即说明这300个基因的变化具统计学意义。

因为这是第一次实验，$p=0.05$ 意味着5%的数据不具重复性[②]。因此，用同样的实验设计重复实验时，要考虑到“这300个基因的变化在两次实验中是不是一致的呢”。值得一提的是：这个问题是一个“是/否”或者说是一个“二元”的问题。可以用一个更准确的问题来表达。即“在300个基因中，哪些在前面实验中发生变化的基因也同样在第二个实验中发生变化呢[③]?”这个问题体现实验模型的一个方面：模型可以通过更多的实验数据来验证，而不是接受或者拒绝。

Scooter从这些实验数据中得到的另一个结论就是他真正需要多少个肝脏。从20个肝脏所得的数据进行子集分析，他会得知任何一个更小的数据组能否得出与20个数据组相同的结果。Scooter随机分析数据组中3个肝脏的结果，他发现不同组的3个肝脏的实验结果有明显的浮动：有些能覆盖300个基因，有些仅覆盖50个基因，有些则包括300个基因之外的基因。然后，逐个增加肝脏数目，当增加到10个肝脏的时候，Scooter发现任何一组10个肝脏的数据都能覆盖20个肝脏的所有数据。从这个分析中，实验者会找出为了说明实验系统的可变性，需要多少个数据组。

从如上的实验分析中，基于高脂肪饮食大鼠的300个基因的mRNA的表达

---

① 这个数量的目的不是讨论正确的统计检验，而是初步地考虑实验的合理性，接着该合理性是统计分析的对象。

② 经过重复实验之后，“随机”因素急剧下降；在两次独立实验中表达上调3倍（$p=0.05$）的基因的随机性就只有 0.05×0.05（0.0025）了。

③ 读者也许会思考：接下来的问题不是简单的“实验重复重复了吗?”实际上这个短语可以被使用，但尤其在微阵列芯片实验中，实验重复重复有一个“滤过效应”，在相同实验条件下，持续观察到的变化可能与在某一张芯片上的变化有许多不一致。

变化，Scooter对肝脏基因的诱导变化形成了一个模型框架。但是，这还不够成熟，因为只有上面实验再被重复一次，这个模型才能被格式化。但是Scooter并不知道这一点。

现在Scooter用300个基因作为一个模型，并且他想确认这个模型是否能预测新一组动物的基因变化。当这个验证实验被实施之后，Scooter仅能证实200个基因。换句话说，这个模型仅能预测2/3的基因变化。因此Scooter修正了他的模型，减少了100个基因。

问题依旧存在：20个实验样品所得到的统计学数据都较好，但为什么还有100个基因的变化不具重复性呢？也就是说，这个模型的格式化还不够成熟，因为单次实验得到的数据缺乏一致性。在下一部分将讨论这个问题。

可变性和待研究的实验系统是相关的

Scooter对他的实验进展稍微有点沮丧。他决定查明他的大鼠到底是怎么了，所以他进到他养大鼠的动物室。动物室的设计比较复杂，有红外照相机可以检测动物一整天的活动。这些照相机与室外的大型电脑相连，所以观察者不用走进整个设备，不会打扰到动物就可观察。另外，大鼠被养在“代谢笼”里面，“代谢笼”使得科学家可以监测大鼠的一些特异行为，比如说：大鼠什么时候进食并进食多少、活动程度、呼吸水平。为了获得更具体的信息，Scooter搬来一把舒适的椅子放在电脑监测器前面，坐下来，拿出笔记本、钢笔和计时器，开始观察大鼠。Scooter开始他观察的时间是上午6点整。

一个监测器可以监测正常饮食笼子里大鼠的活动，而旁边一个监测器用来监测高脂肪饮食笼子里大鼠的活动。食物放在每个笼子的顶端，大鼠可以通过笼子的栅栏随意地吃到食物。Scooter思考着他的实验：大鼠肝脏是在高脂肪饮食后12h取得，他是昨天下午7点进入动物室人为把大鼠饮食换成高脂肪的，所以到今天早上7点实验就完成了。

在观察大鼠的过程中，Scooter发现有的大鼠饮食很规律，其他的则不规律。在观察高脂肪饮食大鼠的第一个小时内，一只个体比较大的大鼠在不停地咀嚼，有两只仅吃一次，还有一只则没有进食。在这个小时末，所有的大鼠都停止进食。在接下来的一个小时，也就是从上午7点～8点，仅那只大个大鼠稍稍吃了些食物。

观察“代谢笼”中大鼠的活动后，Scooter得到了许多之前没有检查到的数据。在分析食物消耗和大鼠活动的数据之后，Scooter发现作为夜行生物的大鼠进食大部分是在黑暗的时候。上述观察完成的时间是早上7点，而这个时候，正好是大鼠活动一夜后准备休息的时间，这很可能就是Scooter在第一个小时的观察过程中有些大鼠完全停止进食，有些进食量逐渐减少，仅有一个还在持续进食的原因。之后 Scooter 仔细观察了夜间大鼠摄食数据，发现在晚上 11 点～早上 5 点这个时间段中，大鼠的食物消耗变动很小。

现在 Scooter 对动物饲养行为的变动性敏感了，他下载大鼠的所有数据，进行适当的统计学分析，找出哪个时间段内大鼠摄食的变动性最小。基于这些结果，他决定在以后的实验中，他应该把他的 12h 时间点选在早上 4：30，而不是在 7 点。当然，Scooter 刚做的这个决定应该通过实验来检验，他应该提出这个问题：高脂肪应激反应的早期基因在早上 4：30 更稳定还是在 7 点更稳定，或者说不同时间检测到的基因变化是否是相关的。为了解开这个困惑，Scooter 逐渐获得“时间进程实验”的基本原理。每一个科学家，对任一个实验，都应该确认实验中所选取的时间点能否代表一般条件。

Scooter 还没有考虑到时间曲线实验。他依旧试图重复单个时间点的数据。另外，他对系统确认做了十分彻底的工作，开始重复他的研究。他在下午 4：30 开始把大鼠饮食换成高脂肪，早上 4：30 获得数据。这一次，他发现实验数据较具重复性：在第一次实验中表达变化的基因有 95％的比例在第二次实验中也发生了变化。

现在，Scooter 成功地得到了具重复性的实验数据。因此，他可以说：他的实验模型可以预测将来同样实验系统中基因的表达变化。然而，我们不得不问 Scooter 是否回答了他想阐述的问题。

确保被设计的实验能说明问题

Scooter 合理利用 12h 时间点，测量了可能使肝脏适应于高脂肪饮食的基因表达变化[①]。当他读了关于肥胖症的相关文章时，他注意到其他科学家报道最初更换饮食时基因表达变化非常明显。然而，Scooter 的实验并没有集中讨论高脂肪饮食后表达发生急剧变化的基因。最初的问题是“摄食足以引起肥胖的高脂肪的大鼠和正常饮食的大鼠相比，肝脏哪些基因的表达发生了变化？”而不是“和正常饮食的大鼠相比，高脂肪饮食 12h 后大鼠肝脏中哪些基因表达发生了变化？”

从实验问题所选取的术语可以看出：Scooter 没有定义时间长度上的“饮食”。足以引起肥胖的高脂肪饮食的大鼠肝脏中发生了什么变化？大鼠肝脏如何适应高脂肪饮食？哪一个才是问题的关键点呢？加入这些术语后，很明显可以看出，虽然经过一次重复实验后，12h 时间点是有意义的，但它仍然没有涉及实验

① 至少，这是他的实验结论。然而，其他科学家可能首先想到：早期变化的基因可能会为肝脏如何适应高脂肪饮食提供思路，这也许不是 Scooter 最初设计这个实验的正确理由，正如现在所讨论的理由。

的目的。

Scooter 在还没有清楚理解实验框架之前就设计了实验，所以结果变得很困惑。如果 Scooter 重复实验说明时间变化后，基因表达依旧发生变化，那么他就会发现上述问题。因为大鼠在最终得糖尿病之前会经历两个过程：首先变得肥胖，之后对胰岛素不敏感。所以他必须选择他对问题的哪一方面真正感兴趣。比如说，如果说他的实验目的是为了找出高脂肪饮食后肥胖的大鼠肝脏中表达上升的基因，那么研究肝脏的早期变化就是个错误的方向。Scooter 应该等到高脂肪饮食后大鼠变得肥胖再开始实验。

这些反思的要点是为了阐明一个成功的实验过程的关键要素，但是这些关键要素并不会在实验设计恰当、统计分析实验结果是否有意义后就立即出现。如上所述，得到一个严谨的、具重复性的实验数据是切实可行的，但得出的却是一个跟实验问题无关的结论。在现在的这个例子中，12h 高脂肪饮食大鼠肝脏基因表达的变化并不能作为足以引起肥胖的饮食所导致的基因变化这个问题的结论。在 Scooter 最初的实验设计中有一个未被证实的假定：高脂肪饮食开始时的变化能代表肥胖后所观察的变化。

重新回到系统可变性这个问题上。为了确定所需的测量数目，科学家必须经过多重测量并使之相关联。有趣的是，一个简单的可变性问题能引出如下问题。

为了获得一个代表性的结果，需要多少次重复？

这个问题的关键词是“代表性”。科学家必须确定他们想研究的对象是什么。下面就这个问题来深入阐述。

Scooter 决定把大鼠放在高脂肪饮食条件下持续 3 个月的时间，从而确定这段时间内基因表达的变化，并与对照作比较。另外，为了确定这段时间内大鼠体内是否有任何的生物化学变化，他同时测量一系列代谢和血液化学参数。最后，他测量大鼠的质量指数。当他操作这个大型实验时，了解到了以下信息：

1. 与正常饮食相比，在高脂肪饮食的条件下，大鼠体重会立即增加。在实验的前几天，在一段时间内，基因表达变化是稳定的。也就是说，72h 高脂肪饮食后所测得的基因表达变化与 1 周后测得的变化很相似。

2. 高脂肪饮食 2 周后，大鼠对胰岛素变得不敏感且葡萄糖水平升高。在这个时间点，肝脏中能发现新的表达发生变化的基因。

3. 高脂肪饮食 8 周后，大鼠变得肥胖并患糖尿病，肝酶含量上升。在这个时间点，同样又有新的基因表达发生变化。

4. 高脂肪饮食 3 个月之后，大鼠肝脏中存在明显的脂肪堆积物。在这个时间点，又有新的基因表达发生变化。

一个合格的研究中，“标记”被用来确定问题的研究对象是否被真正地阐述

Scooter 在“摄食足以引起肥胖的高脂肪的大鼠和正常饮食的大鼠相比，肝脏哪些基因的表达发生了变化?”这个问题下开始了他的实验。经过充足的系统分析之后，在肥胖大鼠肝脏中，对应不同的表型“标记”，基因表达变化也会不同。这些“标记”有：体重的增值、胰岛素不敏感度、肝酶的变化、脂肪肝。

这些“标记”在一个成功的实验设计中起着重要的作用。被定义为实验结果的标记使得 Scooter 和其他科学家进行重复实验并且在“标记”和“基因变化”间建立坚固的联系。

例如，Scooter 在他的实验研究中选取肥胖作为关键的“标记”，观察 2 个月时的体重增加量和胰岛素的不敏感度来定义，同时也通过这个阶段潜在基因表达变化来定义。那么 Scooter 就不用把焦点放在 3 个月时基因的表达变化了。同样地，如果相关基因在改变之前的老鼠就是肥胖的，那么所有在 12h 时间点下操作的实验都应该被丢弃。

科学家可能在他的研究中定义不同的“标记”，这些决定也许是错的。选择一个清晰的“标记”或标准来定义相关的结果可以简化最终的实验设计。

最终的实验设计

Scooter 决定在他的实验问题“摄食足以引起肥胖的高脂肪的大鼠和正常饮食的大鼠相比，肝脏哪些基因的表达发生了变化?”中，选择肥胖和糖尿病的大鼠作为研究对象。现在他设计如下实验：

1. 10 只大鼠喂养正常的饮食。

2. 另外 10 只大鼠喂养高脂肪饮食。

3. 每周测量大鼠体重和血清化学参数。当大鼠呈现肥胖和胰岛素不敏感（以前实验是在高脂肪饮食后第 8 周开始）时，取出大鼠肝脏做分析。

4. 每组中的大鼠将按年龄、性别和起始体重配对。

当这个研究结束时，Scooter 发现肥胖大鼠中 500 个基因的表达发生了变化。当他重复实验时，他发现 90％的基因，即 450 个基因的变化具重复性。带着“通过体重和胰岛素不敏感度来判定的足以引起肥胖的高脂肪饮食下哪些基因变化有重复性?”这个问题，Scooter 又重复了这个实验。在第三次的实验中，他发现 450 个基因中的 430 个有同样的变化。然后他建立一个包括 430 个基因变化的模型。

最终，通过该实验结果能否准确地反映未来实验（当大鼠被高脂肪喂养直至肥胖和胰岛素不敏感）中基因的变化，Scooter 可以验证他的模型。Scooter 第四次做这个实验，经过准确的统计分析后，他发现 425 个基因的表达同样发生了变化。因此，他建立了一个高脂肪饮食下，肥胖大鼠肝脏基因变化的模型。

12 阴性对照的重要性

实验的问题，经常采取的形式是“X 对 Y 产生什么效果?”要看到 X 的效果，就要比较把 X 添加到体系中与不添加到体系中的情形。“X 对 Y 产生什么效果?”这个问题有一种另外的含义：“与‘非 X’相比，X 对 Y 产生的效果是什么?”这种“对照”的目的是为了确定在何种条件下，试验仅因为是否存在 X 而产生不同的变化。

阴性对照为非干扰的情形

当人们问到“咖啡因对血压有什么作用?”时，答案要通过将咖啡因的效果与没有咖啡因的情况作比较之后才能确定。如果咖啡是咖啡因的来源，就必须不饮用其他干扰血压的饮料。为了理解咖啡的作用，科学家还将需要一个参考点：喝咖啡的人和一些不喝咖啡的人。没有这个“阴性对照”，科学家不会知道咖啡会不会引起其他的变化。

简单来讲，“阴性对照”是由在做研究时，试验项目不被变量扰动的情况。这听起来很简单，但是应该指出，实现“不被扰动情况”的目标往往很难。重新考虑这个实验问题“咖啡因对血压有什么作用?”，在一项旨在解决这一问题研究中，其中一组的人将给予咖啡因的摄取，而另外一组不给。将“咖啡因”组和“阴性对照”组集合起来，先考虑如果选定的“阴性对照”组有改变自己血压的其他条件，将会发生什么。例如，假如“阴性对照”组有较多人比较担心接近医疗人员，该怎么办呢? 由于这些无法测量的变量，这些非咖啡因组人会比咖啡因组人平均的血压要高。

然后，如果在“咖啡因组”有较多的人患高血压或患有其他使血压升高的病情，考虑一下会发生什么。这种情况下，科学家会得出结论说咖啡因会引起血压的升高，但实际上，是由在“咖啡因”组有额外的医学因素引起的。因此，应该清楚的是，控制每组个体的一些可能的“相关变量”（意思是其他的因素可能影响实验的结果①）。这个问题强调接近“归纳演绎空间”② 是有用的。如果不这样

---

① 一个相关变量可能是技术员测量血压是非常吓人的。这与科学家试图测量的“因变量”相反。在“咖啡因能否引起血压的升高?”这个问题中，因变量是血压。因变量将会在后面的部分谈到；需要与相关变量不同的理解和处理它们。

② 对于那些没有读过前面章节的读者，“接近归纳演绎空间”是指用以前发现的信息设计实验。但是你应该回去读本书的其余部分，它是非常有趣的。

做，人们很可能会因为影响实验结果的多重变量而误会这项研究[①]。记住这种“归纳演绎空间”，对于那些事先可以确定的任何变量，人们可能采取若干步骤来确定不受干扰的“阴性对照”组能够与“咖啡因”组的条件相匹配。例如，正在设计研究的科学家可能会决定应该筛选每个小组预存的高血压患者，那些符合高血压条件的人应当从研究中剔除。另外，应该确定每个个体的起始血压和身体质量指数 BMI[②]。应当把相似体重和身体质量指数的个体平均分到各组之间[③]。应该控制每组的年龄匹配，控制其他含有咖啡因的物质。

如果调查问卷只是简单问人们是否每天摄取咖啡，而不去问是否摄取了其他含咖啡因的饮料，比如茶和软饮料，则是不准确的。为了确定在研究之前各组没有受到咖啡因的影响，可能有必要让所有的个体进入一个能控制的范围，在这个范围内所有的人在实验之前几小时之内不食用任何含有咖啡因的食物。所有的这些步骤都是为了确保不受干扰的“阴性对照”组尽可能地与“咖啡因”组相近。

含有多种变数的问题引起“不受 X 干扰”的阴性对照的建立

接下来考虑一下更复杂的框架问题，“含咖啡因的咖啡对血压的影响是什么?”这种情况下，科学家对两个事情感兴趣：含咖啡因的咖啡是否改变血压以及咖啡中的咖啡因是否就是罪魁祸首，因此，科学家必须意识到感兴趣的变量不仅一个。由如下问题的开始进行更明确的描述。

含咖啡因的咖啡能否影响血压，如果能，是咖啡因的作用吗?

为了回答类似的问题，需要建立另一套对照来仔细研究变量“咖啡”和“咖啡因”。人们可能认为这些是“不受 X 干扰”的对照对照，其中一种情况下 X 代表咖啡，另一种情况下 X 代表咖啡因。例如，科学家可以设计一个如下情况的研究[④]。

① 例如，如果不弄清楚影响血压的因素，那么由此产生的结果将更加可变，这一点是非常确定的。认识到这一点鼓励科学家找出可能存在的所有潜在的变量，反过来，这又鼓励科学家控制尽可能多的变量。这一点将会在其他部分详细介绍。

② 身体质量指数是一种测量体重的函数，与身高和性别类似。

③ 稍后会提到随机组。有很多方法可以实现这个想法，但是这里建议的方法是对潜在的研究课题筛选独立可变的标准，并根据这些标准分配到每组之间。例如，有两位体重 60kg 的 45 岁的妇女，她们的血压为 120/85，其中一位应该被归入“咖啡因”组，另一位被归入“对照”组。

④ 应该注意到，在这个研究设计中提到的很多问题作为实验对照已经在其他章节中讨论过了，本章，我们集中讨论阴性对照。

研究问题：含咖啡因的咖啡能否影响血压，如果能，是咖啡因的作用吗？

实验设计：建立6组，每组50人。确定对象的起始血压。将血压高于140/90或者低于90/60的人从组中剔除。匹配每组研究对象的性别。身体质量指数BMI不能高于40，不能低于19。匹配每组的平均BMI和范围。研究对象的年龄应介于18～45岁。匹配每组的平均年龄和范围。研究之前72h内，研究对象不能摄取任何含有咖啡因的饮料。询问研究对象每天摄入的咖啡因，焦虑紊乱症和家族性高血压病史。将有焦虑紊乱的对象从研究中剔除。连续一个月每天测两次血压。实验开始时采取血液和尿液样本，每三天一次；保存下来，供日后检查，也提取DNA样品供日后研究。按如下处理各组：

组别	处理
A	无处理
B	水：8盎司水杯每天4杯，与其他组匹配
C	脱咖啡因的咖啡：8盎司水杯每天4杯
D	含咖啡因的水：8盎司水杯每天4杯，咖啡因的含量与含咖啡因的咖啡一致
E	含咖啡因的咖啡：8盎司水杯每天4杯
F	含咖啡因的可乐：8盎司水杯每天4杯，咖啡因的含量与含咖啡因的咖啡一致

互相比较上述6组每组个体血压的变化程度。除了含咖啡因的咖啡这组，其余每组确立了一个“不受X干扰”的阴性对照。下面是对每组“X”的解释：

组别	处理
A	无处理：这组不受任何变化的干扰，包括每天喝四杯的液体
B	水：这组不受溶解于水中的添加成分咖啡还是可乐的干扰
C	脱咖啡因的咖啡：与含咖啡因的咖啡组相比，不受咖啡因的干扰
D	含咖啡因的水：与含咖啡因的咖啡组相比，不受咖啡的干扰；含咖啡因的可乐组相比，不受其他成分的干扰
E	含咖啡因的咖啡：实验组
F	含咖啡因的可乐：假设的对照；并不是阴性对照

现在考虑这项研究中怎样确定血压的变化。首先注意每人的起始血压已经确定。记住这个问题“含咖啡因的咖啡能否影响血压，如果能，是咖啡因的作用吗？”因此，为了测量每人血压的变化，必须测量起始血压来确定是否是实验条件影响了这种变化。

然后，我们来检查每个研究组，确定从每组得到的数据要怎样影响解决研究问题的模型的建立。除非把含咖啡因的咖啡这组与脱咖啡因的咖啡和水两组作比较，人们才能判定究竟是“含咖啡因的咖啡”中的咖啡因引起了血压的变化还是咖啡中的其他成分。没有仅仅供水这一组，就会遗漏由咖啡的一种成分而不是咖啡因引起血压变化的情况。含咖啡因的水这一组能使科学家确定到底咖啡因能否足以引起血压的变化。让我们剖析研究来说明这几点。设想一种情形，科学家仅仅设立了如下两组：

A 组	脱咖啡因的咖啡
B 组	含咖啡因的咖啡

科学家分析脱咖啡因的咖啡作为咖啡以外的所有对照，这样提供了一个理想的阴性对照来询问是含咖啡因的咖啡会增高血压，还是咖啡的作用。

从这些研究中得到如下结果：

脱咖啡因的咖啡	血压升高 10%
含咖啡因的咖啡	血压升高 30%

没有其他对照的话，人们可能说咖啡使血压升高了 3 倍。人们会很难判断在脱咖啡因的咖啡这组中，是什么影响到血压。科学家可能会将这 10% 的效果归因于其他不可控制的变量，例如由研究条件引起的焦虑，因此就将咖啡中的咖啡因作为引起血压升高的主要因素。现在，其他对照的结果也得到了：

脱咖啡因的咖啡	血压升高 10%
含咖啡因的咖啡	血压升高 30%
含咖啡因的水	血压升高 10%

对于这些结果，人们可能看到含咖啡因的咖啡引起血压升高 30%，但是咖啡因自己却只引起血压升高了 10%。因此，咖啡因似乎有一些大于添加剂的效果，在脱咖啡因的咖啡中有一些其他成分影响血压。这个新加的对照很明显地改变了科学家以前排除“含咖啡因的水”这一对照得出的结论；在第一个例子中，咖啡因被认为是血压升高的主要原因。现在，咖啡因似乎不是主要因素，而是与咖啡中的其他成分相比，它有一个明显的促进作用。让我们看看加入更多的“不受 X 干扰”的对照后会出现什么情况：

脱咖啡因的咖啡	血压升高 10%
含咖啡因的咖啡	血压升高 30%
含咖啡因的水	血压升高 10%
水	血压升高 5%

随着加入水这一组的对照，咖啡因的作用似乎比先前的更小了。每天额外喝

4 杯水使血压升高了 5%。因此，这就很明显地改变了咖啡因如何发挥作用的模型。咖啡因仅仅发挥很小的作用，但是在有咖啡因的情况下，与脱咖啡因的咖啡相比，它使血压升高了 3 倍。这样的话，科学家可能会考虑咖啡中的其他成分，这些成分可能会协同增强咖啡因的作用，引起血压的明显升高。最后，让我们加上其他的对照：

脱咖啡因的咖啡	血压升高 10%
含咖啡因的咖啡	血压升高 30%
含咖啡因的水	血压升高 10%
水	血压升高 5%
含咖啡因的可乐	血压升高 10%
什么也没有	血压升高 0%

有了这些数据，人们可能认为考虑到脱咖啡因的咖啡可能有些益处，而且与水相比，脱咖啡因的咖啡中含有使血压升高的物质。“无处理”的对照说明水确实存在作用，这种作用并不是由一些不可控制的因素例如焦虑等引起的。如果“什么也没有”这组也有血压升高 5%，那么这种升高的程度可能是由于研究的条件引起的。

这样的话，应该清楚对于一个好的实验设计来讲为什么“不受 X 干扰”的对照十分重要了。由于包括了这些对照，对研究设计应该做更多的评论了。首先，每组有足够的人数能够更好地控制那些不能确定的遗传因素。如果每个人是一个基因克隆的话，在人类研究中就不需要一大群的人。但是由于人类是异质性的，有必要研究很多的人来获得“普遍情况”。这点在第 10 章已经讨论过。在这一章里，可以添加上的是，在我们遗传异质性的人群中，更多的个体会有助于确立“不受 X 干扰”的阴性对照。使用大组的人群可以增加各组之间不确定相关变量随机分配的机会。第二，要注意多次地测量血压，即反复重复。随后的章节里会涉及体系对照和潜在变量。

现在，通过这个例子我们看到寻求“不受扰乱的情况”可能并不简单，尤其是处理复杂的研究体系如人类或其他动物。然而，尽可能实现这一目标是很重要的。多重“不受 X 干扰”的对照使得科学家全面剖析引起不同结果的多重变量。这些对照比仅仅有一个简单的“不受干扰”的情况要有效得多。换句话说，引用越少的阴性对照[①]，对结论的怀疑越多。

有迹象表明，所得的研究数据是否可靠取决于能否重复研究并得到相同的数据。研究得出的结论是否正确，针对以上问题进行新的实验。

① 这是指研究中一个能代表变量“不受干扰情况”的对照，这个对照能改变试验的结果。

在组织培养实验中确定“不受X干扰”的阴性对照

人类的咖啡因研究十分复杂，在更简单的情形下研究“不受干扰的情况”可能会更加容易。应该注意的是要对实验体系有足够的了解。例如，对于“神经生长因子（NGF）是否引起Akt的磷酸化?”这个问题就适用于研究一个克隆细胞系①。

解释一下科学家为什么对这个问题感兴趣：NGF作为一种分泌蛋白，可以引起某些细胞“神经样”——前体细胞分化成具有很长的类似轴突的物质的细胞，然后这些细胞表达神经细胞中常见的标志蛋白。科学家可能会想，在众多潜在的细胞信号途径中，哪一条负责NGF诱导的细胞分化呢？已经证明，在其他的细胞类型中Akt能提高细胞的存活率，但是同时科学家做了实验证明神经细胞的分化并不需要Akt。因此，科学家首先想问的是NGF能否激活Akt，如果可以的话，再确定NGF诱导细胞分化成神经细胞表型的过程中是否需要Akt。

组织培养——在可控制的条件下，细胞系②在培养箱里被维持和永生化——提供了一种普遍的并且可控的实验体系。某种永生化的细胞系在成百上千的实验室中被普遍研究。这些材料的实用性使得很多科学家在相似的背景下研究高度相似的细胞，给科学家提供了一种检查彼此数据并进行建立这些数据上的研究的方法。然后将用这些细胞得到的数据应用到动物个体，才能确定组织培养的结果与完整的动物相应。最初先在组织培养背景下做实验的原因在于克隆的细胞能够更好地控制相关的变量，比动物研究更容易进行实验。这并不意味着细胞培养的数据能始终较好地应用于动物，但是它使科学家看到了细胞如何表现自己。这个本身有价值；如果细胞在动物体内表现不同的话，动物自身可能有离体的细胞中并不存在的一些别的控制机制，然后可通过比较离体细胞和正常细胞来确定这些另外的机制。

“神经生长因子（NGF）是否引起Akt的磷酸化?”这个问题起初看起来很简单：将一些细胞用NGF处理，其他的细胞不做处理作为阴性对照。其实，这

---

① NGF是一种分泌蛋白，在表达NGF“受体”的细胞中可以诱导某些细胞内蛋白质的磷酸化。NGF的受体叫做TrkA，这种蛋白质可以调节其他蛋白质的磷酸化。有时磷酸化可以引起两种蛋白质的结合，有时它可以引起细胞活动，例如新蛋白质合成的增加。使某些所谓转录因子的蛋白质磷酸化可能引起基因的转录活性。使其他类型的蛋白质磷酸化可能引起蛋白质的降解，因此改变其他的细胞信号途径。但是TrkA要能引起这种作用必须首先与NGF结合。NGF将两个TrkA分子带到一起，这个过程叫做“二聚化”，在二聚体中一个TrkA分子磷酸化另一个分子，使磷酸化反应开始。这个例子的目的在于，可以规定假如细胞内没有TrkA，NGF将不会发挥作用，因为除非与其受体结合，它将无法引起细胞信号。最后，Akt是一种磷酸化以后才有活性的蛋白质，然后就参与这种级联反应，引起其他蛋白质的磷酸化。

② 一个“细胞系”指的是由单一克隆祖先细胞而来的细胞群。

件事并不这么简单。仔细分析会发现和本书中的其他实例一样，它同样需要定义术语和系统验证。

系统验证是值得重新研究的问题，因为这将有助于说明，即使是一个适当的阴性对照也没有意义，除非它是在一个确定的背景下。例如，没有系统验证，如果科学家用不含 NGF 受体 TrkA 的细胞来说明“NGF 是否引起 Akt 的磷酸化?”这个问题，可以想象，在这种情况下，答案肯定是“不会”，因为这些细胞根本不能对 NGF 起反应①。这个例子再次说明，为什么系统验证以及确定与问题相关的归纳演绎空间是非常重要的。通过提问“NGF 是否引起 Akt 的磷酸化?”，科学家就要问这个问题“在能够对 NGF 起反应的细胞中，NGF 能否引起 Akt 的磷酸化?”或者“在含有 NGF 受体 TrkA 的细胞中，NGF 能否引起 Akt 的磷酸化?”如果科学家没有确定实验中的细胞表达 TrkA 的话，答案就毫无意义了。这与阐述“咖啡因是否引起血压的升高?”这一问题与用去世的人或者用抗高血压药物的人做实验的道理是一样的。重要的是理解实验问题或假设的期望是什么以及利用它们进行系统验证。未经这一步的话，阴性对照将毫无意义：如果系统首先不能对 X 做出反应，就不可能说明“X 对非 X”的作用。

为了确定系统，科学家获得明显含有 NGF 受体 TrkA 的细胞。为了探究 Akt 在 NGF 的刺激下是否磷酸化，下一章的阳性对照将会更加深入地探讨怎样用 TrkA 的磷酸化来确定应给予多少的 NGF 的问题。然而，现在我们可以说在一个能对生长因子起反应的系统中，“不受 X 扰乱”的情况是“无 NGF”。

“排除 X 干扰”对照实际上是“排除引起 Akt 磷酸化的事件的干扰”。换言之，必须设置 Akt 磷酸化的阴性对照；测量 Akt 提高的要求是在系统中 Akt 磷酸化水平在正常状态下应该是低的。

在一个“正常”的组织培养体系中，细胞被培养在含有促进细胞生长的生长因子的液体培养基中。有可能是其他一些生长因子引起 Akt 的磷酸化。因此，为了测量 NGF 的影响，细胞必须事先被“饥饿”，不受其他一些生长因子的影响。正如在咖啡因的例子中，人们需要脱离咖啡因以及含有咖啡因的饮料，以便更好地研究咖啡因的作用，在现在讨论的问题中，细胞需要脱离能够引起 Akt 磷酸化的其他因子。实验的设计可以是这样的：

研究问题：NGF 是否能够引起 Akt 磷酸化?

实验设计：已知细胞系 PC12 具有 NGF 受体 TrkA，将 PC12 细胞培养在 12

① 可能存在另外的受体——LNGFR，可以介导对 NGF 的反应，但是这个例子中我们规定 TrkA 是唯一的受体。然而，读者应该明白实际的情况要更加复杂。

个同样的培养皿中①。在设计实验体系时，需要知道在不含生长因子的培养基中经过多长时间 PC12 细胞中的 Akt 磷酸化水平会降低到基础水平。一旦确定了这个问题的答案，可以设计实验将这 12 盘经过饥饿的 PC12 细胞进行以下处理：

1～3 盘	不做处理
4～6 盘	NGF，足以激活 TrkA（在预实验中确定的量），溶解于缓冲液
7～9 盘	缓冲液
10～12 盘	一种已知的能够引起 PC12 细胞中 Akt 磷酸化的生长因子

在这个设计中，阴性对照是 1～3 盘，它是作为“排除 X 干扰”的对照，这里 X 就是 NGF。阳性对照将在下一章中集中讨论。

在遗传学实验中建立“排除 X 干扰”的阴性对照

一个问题是：“在小鼠中 *BRCA1* 基因的缺失是否能够增加乳腺癌的概率？”为了回答这个问题，乳腺组织中缺失该基因的小鼠被用来与该基因正常的小鼠作比较②。为了尽量排除更多的相关变量，科学家在设计实验时利用近交系得到了一套生育体系，亲本是具有 *BRCA1* 缺失的杂合体，它们既能够生育乳腺组织中完全没有 *BRCA1*“基因缺失”的小鼠，也能够生育乳腺中含有这个基因的两个拷贝的“正常”小鼠的。同窝出生的幼仔，理论上来说是非常近似的，但事实上却因为存在或不存在 *BRCA1* 而明显不同，这样就提供了一个可以控制大部分的相关变量的体系，比如“非干扰”和“*BRCA1* 敲除”组中可能存在的其他基因的不同。使用培育了很多代的小鼠意味着科学家使用遗传背景清楚的动物，于是当 *BRCA1* 基因突变并且后代获得了这一性状后，科学家们可以证明“*BRCA1* 敲除”组和“阴性对照”组中有且只有 *BRCA1* 是不同的。

来看一下科学家们是怎样比较 20 个“*BRCA1* 完全缺失”小鼠和 20 个含有 *BRCA1* 的“对照”小鼠的。实验发现在“*BRCA1* 完全缺失”小鼠中乳腺癌的发病率为 30%，而在有一对正常 *BRCA1* 基因的小鼠中发病率仅为 2%。如果没有“对照”小鼠，在 *BRCA1* 完全缺失的遗传组中就没有办法证明乳腺癌的发病率

---

① “一盘细胞”是描述实验室中通常“培养”细胞或细胞生长的情况。一般情况下，一个特定的细胞系（指来源于同一个单克隆的很多细胞）是生长在塑料“培养皿”或者叫“盘”上，每个盘的周边是圈 1～2cm 高的塑料。通常细胞贴壁生长在培养皿的底部，被“组织培养基”覆盖，培养基通常呈红色，其中含有谷氨酰胺、氨基酸、无机盐和生长因子。

② *BRCA1* 是胚胎发育中必需的；完全没有这个基因的胚胎一般不能存活超过 8.5 天。因此，为了研究这个基因在乳腺癌中的作用，“条件性”的敲除是必需的，也就是仅仅把乳腺组织中的基因敲除掉。这是在已知内容的基础上进一步设计实验的另外一个例子。

是否发生了改变。

在“系统验证”实验中，*BRCA1* 缺失组中小鼠得乳腺癌时的年龄是需要被统计的。因此，需要做一个预实验，用不同年龄的小鼠来研究什么时候可以观察到乳腺癌。可能有人会说这样的预实验是偏离研究中心的；作为回应，来分析一下研究两周龄小鼠时的情况：在两周龄的 *BRCA1* 完全缺失小鼠中没有发现患乳腺癌的小鼠。这个结果是“正确”的，但这并不能说明在这些小鼠的整个生命周期中患乳腺癌的概率是否增加了，而这才是研究的真正目的。在之前的章节中讨论过这个问题，也就是为什么多次重复试验对于获得“全景图”是非常必要的。因此，进一步研究动物多长时间可以明显观察到乳腺癌并不是偏离中心的。以上是对质疑的回应。这样的设置与“天空是什么颜色的?”那个问题是类似的。“全景”将只能通过统计正常的和 *BRCA1* 敲除的小鼠得乳腺癌的概率来获得。实验可以这样设计：

研究问题：*BRCA1* 基因缺失是否增加小鼠中乳腺癌发病的概率?

实验设计：采用同一个近交系获得的 20 对 $BRCA1^{+/-}$ 的小鼠。基因型雌性后代。将后代分配到三个组中：

第一组	$BRCA1^{+/+}$或“*BRCA1* 正常”小鼠
第二组	$BRCA1^{+/-}$或“*BRCA1* 杂合型”小鼠
第三组	$BRCA1^{-/-}$或“*BRCA1* 敲除“小鼠

对于每一个实验组，组织切片乳腺样本于：

确定每个时间点，每个实验组中乳腺癌的发生率。让我们来检查这个研究的一个可能结果：

2 周
1 个月
2 个月
6 个月
1 年
18 个月
2 年

	乳腺癌发生率		
	正常	$BRCA1^{+/-}$（杂合）	$BRCA1^{-/-}$（敲除）
2 周	0%	0%	0%
1 个月	2%	0%	1%
2 个月	2%	3%	2%
6 个月	2%	3%	2%
1 年	2%	3%	25%
18 个月	2%	3%	30%
2 年	2%	5%	30%

从这些数据中可以建立一个模型：老鼠乳腺组织中缺失 *BRCA1* 导致乳腺癌发生率显著提升。此外，老鼠必须是缺失这个基因，仅丢失一个拷贝并没有显著改变乳腺癌发生率。也可以看出，老鼠出生一年后才有肿瘤的发生。因此，对于

这个时间点，早期的时间点可以被看成“相对 12 个月的无干扰”对照。换句话说，只有其他时间点被测量之后，我们才能得知是否基因缺失一年后效果才显著。从 6 个月和 12 个月所得的肿瘤发生率的巨大跳跃来看，我们会决定在未来的研究中加入 8 个月和 10 个月这两个时间点，进一步阐明肿瘤的发展。如果在某一个特定时间点有一个巨大的增加，那么科学家也许会希望调查这个时间点其他基因的变化，从而确定这些基因的变化是否扩大了 *BRCA1* 缺失后的效果。这个实验中的数据被重复证实之后，对于未来实验，所有这些想法都是新问题的研究对象。

“非 X”案例——利用抗体来确定一个蛋白质是否存在于一件组织中

诸如这类问题：“Y 包含 X 吗?”或者“Y 是 X 吗?”我们需要把“X”和“非 X”做比较。阴性对照提供一个参考点，确保一个测量的发生。

科学家 Betty Sue 想研究骨骼肌中是否含一种名为“nebulin”的蛋白质以及该蛋白质在骨骼肌中的定位。第一个问题可被陈述为“骨骼肌中含 nebulin 吗?”为了解答这个问题，Betty Sue 利用经过系统验证①的可与 nebulin 反应的抗体。Betty Sue 把抗-nebulin 的抗体用在免疫组织化学实验中：把骨骼肌的组织切片固定在载玻片上，利用抗体来染切片的部分。有很多方式可以检测 nebulin 的抗体。在这种情况下，让我们把问题简化，把抗体和荧光蛋白融合，从而与抗体结合的骨骼肌组织在暗处能发光。

Betty Sue 利用抗-nebulin 的抗体和肌肉中的某些组织（如肌肉中的收缩装置），反应之后，组织可在暗处发光。那么 Betty Sue 可以回答她的问题并说“是的，骨骼肌包含 nebulin 这种蛋白质”吗？该科学家如何知道这种抗体实际上是与 nebulin 结合而不是与骨骼肌中其他蛋白质结合呢？这就是“Y 包含 X 吗?”这类问题中阴性对照的目的是为了表明测量的对象是“X”，与“非 X”相对。

在当前的这个例子中，“非 X”对照要说明的问题是抗体与 nebulin 结合，而不是“非 nebulin”，即不与除 nebulin 之外的骨骼肌底物结合。阐述这个问题的一个方法就是利用 nebulin 多肽（用来生产 nebulin 抗体的多肽）②。在与骨骼肌组织孵育之前，把抗体与 nebulin 多肽结合，如果抗体仍能与组织结合，那么一

---

① 为系统确认的阴性对照将作为一个单独部分讨论。

② 可将蛋白质或其部分（多肽）注射动物（多为兔子）体内获得抗体。动物的免疫系统被注射的物质刺激后，就能产生能与蛋白质或多肽结合的抗体。

定是该抗体与 nebulin 之外的蛋白质也能结合。因此，抗-nebulin 的抗体事先与 nebulin 多肽结合是一个阴性对照，使得 Betty Sue 能确定与“非 X”相对的 X（nebulin）。

近来使得“非 X”对照简化的一种革新的方法就是“基因敲除”（如上所述）。如果获得编码 nebulin 基因被敲除的小鼠骨骼肌组织切片，那么这将成为一个更有说服力的“无 nebulin”对照。在这种情况下，抗-nebulin 的抗体可分别用在“nebulin 缺失”和正常 nebulin 的小鼠骨骼肌上。如果抗-nebulin 的抗体在这两种小鼠中的结合相同，Betty Sue 就能得出结论：该抗体能结合除 nebulin 之外的蛋白质。然而，Betty Sue 发现抗-nebulin 的抗体仅结合正常小鼠骨骼肌中的收缩装置，而与“nebulin 敲除”的小鼠不发生反应，那么她可以得出结论：“是的，nebulin 存在于骨骼肌的收缩装置内”。这个模型可以被很多方式来验证，在接下来的章节中将深入讨论这个问题。

系统内的阴性对照

为了确认系统内的测量，阴性对照被用来检测系统的主要组分。提及“阴性对照”，意思是指“非 X”，X 是系统内被测量的参数。让我们回到“天空是红色的吗?”这个问题上。为了回答这个问题，研究者必须能把红色和非红色组做比较。设想一下研究者的“红光测试仪”[①] 坏了，实验被锁定在“阳性”的位置。那么如果没有阴性对照即没有非红色实验组的话，就无从得知系统是否可行了。如果研究者仅测量红色的物体，那么坏的测量仪也会给出“阳性”结果，从而造成一个错误的印象，让研究者认为仪器是正常可用的。因此，从这个仅指示红色的测量仪或仅测量红色会得出一个结果：“全世界都是红色的”。因此，对于“天空是红色的吗?”这个问题，绿色或蓝色等必须用作阴性对照。蓝色的物体不是“未干扰案例”，而是“非 X”事例，这里 X 指代红色。可以看出，阴性对照可提供一个确保测量发生的对照。

“Y 是 X 吗?”问题中的阴性对照

以 pH 计为例。这个仪器必须测量一系列条件下的 pH，从强酸性（pH=1）到强碱性（pH=14）。就像在“阳性对照”中所讨论的，为了证实这个系统，已知 pH（通过一些独立的方式证实）的“标准”是必需的。例如，要表明 pH 计能测量 pH=12，就必须使用 pH=12 的“标准”溶液。此外，还需要另外一种

① 这个仪器被用于测量红色，在第 2 章中有介绍。

溶液：pH≠12 的溶液，从而可以证明 pH＝12 的溶液真的被测量了。通常，科学家简易地用水来完成这个任务；如果科学家不用水作为 pH＝12 标准物的对照，就不能证明把电极放入溶液时是否改变了溶液的状态。因此，阴性对照可表明测量实验组是否有任何变化。就像之前所说的，只有确定 Y 发生了才能决定是否是 X 引起 Y 的发生。在 pH 计这个例子中，在被测量 pH 标准物和阴性对照与标准物作对照（即非 X）存在的前提下，才能证明是否是溶液中加入酸或碱后导致的特定 pH。

系统间的阴性对照

科学家如何知道是否是某特定实验组中的系统自己引起结果的改变呢？以一个系统中技术员测量一群猴子的血压为例。如果这位技术员深受猴子的喜欢，当猴子看到技术员的时候能非常放松，血压就会明显地下降。以组织培养为例，为了给细胞补充生长因子，需要从培养箱中拿出培养皿。然而，在这个过程中，细胞温度下降，二氧化碳水平改变。如果这些改变足以引起研究结果的改变呢？

要确定这个问题的一个方式就是利用“不被 X 干扰”的对照，X 指被应用的系统。在测量猴子血压的例子中，一系列不引入人类干扰的测量系统被使用。在组织培养的例子中，可以建立第二个系统，在这个系统中通过向培养皿中注射生长因子，在这个系统中，培养皿始终处于培养箱中。这些都是“系统间阴性对照”的例子，确认实验系统不干扰实验结果。

盲分析作为“不被 X 干扰”的阴性对照

为了控制可能由系统引入的测量干扰，我们不应该忽略科学家自身可能作为潜在的偏见的评估者，也不应该忽略被研究影响的研究对象。

为了使潜在的科学家偏向性最小化，在研究之前建立一个评估的标准是有用的；另外，如果每个实验组的干扰没有被显示，科学家就不能用一个评估设置来比较两个实验组。如果一个实验组用咖啡因处理，另一组不用咖啡因处理，科学家也许对加咖啡因实验组中咖啡因的效果很感兴趣，并根据自己的想象去理解不加咖啡因实验组中血压的改变。然而，如果在实验组处理被显示之前，就对数据和统计方法进行了评估和“锁定”，科学家除了接受实验数据和评估之外别无他法。

除了控制评估效果之外，同样也要控制对象的干扰，即可能会改变实验结果的对象的“影响效果”。安慰剂的效果在别处被记录过。如果被试者被告知他们正服用的减肥药会使食欲下降，并允许更多的锻炼，那么他们从心理上就会更受鼓舞地去改变他们的习惯，从而向预期的方向发展。然而，如果被试者并不知道他们处于哪个组（药物还是安慰剂），那么一个潜在的“影响效果”就被控制了。让我们重新检查被用来设计咖啡因对血压的影响效果实验。以下是建立的实验组：

实验组	处理
A	无处理
B	水
C	不加咖啡因的咖啡
D	含咖啡因的水
E	含咖啡因的咖啡
F	含咖啡因的可乐

在阴性对照中，科学家可能不得不更多地赞赏水和无咖啡因咖啡实验组。水和含咖啡因水组使得科学家能检测出咖啡因对被试者的效果，因为只要咖啡因是无味的[①]且被试者未被告知他们处于哪个实验组中，被试者就无法分辨出他们正获得怎样的处理。无咖啡因的咖啡同样作为含咖啡因咖啡的安慰剂对照。在这两组中，被研究对象知道他们正在喝咖啡，但是他们不知道咖啡是否含有咖啡因。

本章开始描述的咖啡因咖啡研究的实验设计的失误正是研究中出现“双盲”的情况，即研究者和被研究对象都不知道每个对象处于哪个实验组中。通过建立这种方式的研究，可试图确保实验结果是“未被 X 扰乱”，在这里 X 可指研究者，或研究对象，或两者之间的某些联系。

总　　结

建立适当的阴性对照是一个成功的实验设计的关键因素之一。通过这种方式来控制实验的干扰性可使科学家充分理解实验系统中每个可变因素的重要性。科学家也必须能证明一个测量的发生。在随后的章节，将继续讨论阴性对照的其他作用，包括有意义性、充分性和必要性；这些要素可通过几组阴性对照的结合和其他类型的对照来确定。

① 无色无味的。

13 阳性对照的重要性

要回答“X 对 Y 的作用是什么?”这个问题，我们必须要证实以下几点：首先对 Y 产生的相应的作用是可检测的；其次，实验中的 Y 确实是物质 Y；再次，实验中的 X 确实是物质 X。

我们只能在明确血压的改变有可能存在并且这种改变可被检测的前提下才能够回答“咖啡因对血压存在什么影响?”这个问题。我们再来看一下前面章节中提到的一个小例子：给一个死人或者某个服用抗高血压药物的人服用咖啡因是没有意义的。这是因为，在这些情况下，研究对象要么根本没有血压，要么对血压刺激物产生反应的能力在药物的影响下变得迟钝了。再举一个例子：如果实验中我们使用的仪器在血压超过正常水平的时候读数会失真，这种情况下我们不可能确定咖啡因能否引起血压上升。最后，不懂如何使用仪器的人也同样不能够判断出血压的改变。

我们再来思考一下“咖啡因对血压存在什么影响?”这个问题。因为这个问题没有倾向于咖啡因对血压的影响是升高还是降低，所以这个实验的体系应该既能够检测血压的升高也能够检测血压的降低。这就意味着必须建立阳性对照来说明这种检测能力的存在。这些对照的来源是已知的血压兴奋剂或血压抑制剂①。运用这些对照，我们就能够对实验体系的有效性进行验证，当进行咖啡因实验的时候，我们就有了一个验证实验体系是否有效的机制。

科学家可能会反对使用阳性对照，因为一些被“保证”能升高或降低血压的化合物是不确定的。而且这些研究有可能是不准确的。如果先前的实验数据是错误的那会怎样呢？如果一个错误的实验结果被用于建立实验体系，那么当实验阳性对照真的出现问题时，科学家可能会认为是仪器或实验方法是无效的。实际上，就像我们前面章节中所讨论的，科学家是有办法来确定是否存在类似问题的。比如，如果有 15 个患者服用了作为阳性对照的抗高血压药，但是结果没有一个人的血压降低，这样就可以证实这个阳性对照是无效的（假设该实验所用的仪器和实验的其他因素都已被证实有效）；反之，如果统计学的数据表明被试患者确实存在血压降低，那么这个阳性对照就被认为是有效的，该实验体系可以检测到血压的降低。最重要的是，因此可以确定被试者的血压是可以产生变化的。

值得注意的是，如果在实验体系的其他方面没有被证实是否有效的情况下，

---

① 对人类使用促血压试剂作为阳性对照也许是不符合伦理的。

阳性对照便不会被有效地运用。如果实验的一整套检测方法的有效性未经证实，而使用阳性对照却获得了阴性结果，科学家可能会考虑是不是该实验体系的其他一些因素所致。因此，如果实验体系中存在无效的成分，阳性对照就不能为整套实验方法提供有效的支持。

咖啡因实验中的阳性对照

在第12章有关阴性对照的内容中，为了解决“咖啡因对血压存在什么影响?”这个问题进行了一个实验。服用含咖啡因水的实验组与服用水的阴性对照组相比较获得实验数据。给每一个被试者服用的溶解在水里的咖啡因的含量与每杯咖啡中咖啡因的含量是相同的。下面是两个组对比的总结：

处理条件	血压的升高值/%
水	10
咖啡因水	10

从这些数据中，你只能总结出咖啡因与水相比并没有给被试者带来更多的影响，这是因为阴性对照组（水）和实验组（咖啡因水）所得的数据结果并没有什么不同。但是，由于在整个实验中没有适当的方法来证实该实验体系的有效性，所以进行该研究的科学家便会反思：实验数据是否“有效”？是不是实验方法的某些方面存在问题？由于水而引起的血压10%的上升可能会增强科学家的这种猜想①。

我们来思考一下在设定阳性对照的实验条件下所获得的相同的数据。这里的阳性对照是先前已被证实有促进血压上升作用的一种药物。

处理条件	血压的升高值/%
水	10
咖啡因水	10
促血压药物	30

阳性对照说明该实验的方法是有效的；血压的升高出现了，而且这种变化能够被检测到。在这些数据中，咖啡因水未能影响血压变化看起来更加真实可信了。

正如先前提到的那样，在这个问题上，深信咖啡因能够增强血压的科学家可

① 仅服用水便会引起血压上升10%，这一事实再次说明了阴性对照（水）组的必要性。如果科学家没有使用阴性对照（水），仅仅使用咖啡因进行实验，那么实验结论便会成为：首次实验服用的咖啡因的量可以引起血压的升高。还可以说明我们可以将处理之前的咖啡因组称为阴性对照。因为服用的咖啡因的被试者的本底血压是已经测量的，与服用咖啡因之后的状态相比，未服用之前的状态可作为被试者自身的阴性对照。但是，如果只使用了这个对照，而没有使用水作为阴性对照，由于其他的实验参数所引起的影响便会被遗漏。我们在前面章节中已经讨论过，水作为“不受X影响”的对照，与实验组相比，它给患者提供了除咖啡因之外的所有物质。使用了该对照，科学家可以确定实验条件的压力，饮用液体所引起的反应，这些足以使阴性对照组中的血压上升10%。

能不会满意这些数据，但是找到对阳性对照的可靠性进行质疑的证据是很困难的。接下来，科学家可能会尝试使用更多的咖啡因，如果在第一个实验中服用的咖啡因的剂量和所研究的人群的正常服用剂量范围不一致的话，科学家的这一决定就会变得有效了。至少，这个阳性对照能够清楚地说明问题是出自咖啡因本身，而不是实验设计的其他方面。

让我们来思考一下使用了阳性对照的咖啡因“剂量反应”实验的数据，这样的“剂量反应”实验中不同的实验组服用了剂量递增的咖啡因。科学家阅读了一些文献，从先前的流行病学研究中获知大多数习惯饮用咖啡的人一天要喝一～四杯咖啡。因此，科学家选择了这样一个范围作为“剂量反应”实验的用量。下面是运用这一方案所获得的数据。

处理条件	血压的升高值/%
水	10
咖啡因水：等同于一杯咖啡中所含咖啡因量	10
咖啡因水：等同于二杯咖啡中所含咖啡因量	12
咖啡因水：等同于三杯咖啡中所含咖啡因量	15
咖啡因水：等同于四杯咖啡中所含咖啡因量	20
促血压药物	30

科学家对这些数据进行了适当的统计，发现与服用水的对照组相比，服用相当于三杯咖啡中所含咖啡因量四杯咖啡因量或是促血压药物的组所引起的血压的变化是很明显的。这些实验结果比先前实验的结果提供了更多的信息。

现在，我们可以很明显地看出，只有当服用的咖啡因的剂量至少为三杯咖啡所含咖啡因量时，才可以开始看到咖啡因对血压有明显的影响。这一发现帮助我们确定了之前的数据：服用相当于一杯咖啡所含咖啡因的量时，没有对血压产生影响。更加值得关注的是在这个实验中阳性对照额外的作用：它说明每天服用相当于四杯咖啡所含咖啡因的量能够引起血压的上升，但是这个上升的值还没有促血压药物引起血压上升的值高。因此，阳性对照能够提供一个对比，通过这一对比，首先能够显示出该实验体系的有效性；其次能够比较所研究试剂与阳性对照之间在实验检测方面的差异大小。让我们再来思考一下，如果咖啡因实验所得数据是下列情况时，说明实验中发生了什么：

处理条件	血压的升高值/%
水	10
咖啡因水：等同于一杯咖啡中所含咖啡因量	10
咖啡因水：等同于二杯咖啡中所含咖啡因量	10
咖啡因水：等同于三杯咖啡中所含咖啡因量	10
咖啡因水：等同于四杯咖啡中所含咖啡因量	10
促血压药物	10

通过这些数据，科学家可以得知实验本身出现了问题，这是因为阳性对照未能够引起血压的升高。如果没有阳性对照，科学家就没有理由质疑该数据，符合逻辑的结论是：即使是服用四杯咖啡所含咖啡因的量时，也不足以引起血压的升高。但是恰当地使用了阳性对照后，就能够清楚地看出的确是实验本身出现了问题。

这样的数据就会促使科学家来检查实验体系是否有效。检验的一部分包括对实验中被试者进行双重检查。人们可能会自然地发现在这种情况下科学家忽略了询问被试者是否使用了抗血压药物。

阳性对照——利用不同于研究对象的物质确定实验体系的有效性

在第 12 章有关阴性对照的内容中，我们思考了一个含有多重变量的问题："咖啡因对血压存在什么影响？"这可以说是两个层次的问题："含有咖啡因的咖啡能够影响血压吗？如果影响的话，是咖啡因起作用吗？"为了解决这个问题，利用下面的实验组，恰当地设计了一套剖析变量"咖啡"和"咖啡因"的"不受X影响"的对照：

现在应该可以明显地看出这个实验中所遗漏的因素是阳性对照。读者可能会问"含有咖啡因的可乐"组是否可以当作一个阳性对照。答案是否定的。阳性对照应该能证实实验体系是能够检测到所测实验数据的（在该情况下，要能够检测到血压的升高或降低）。应该使用区别于研究对象的一种物质（在该情况下，应该使用非咖啡因的一些物质）。很显然，如果已经证实了咖啡因能够引起血压的变化，那么就没有必要把它作为研究对象进行研究了；正是因为还不能确定咖啡因能否引起血压的变化，所以阳性对照必须使用一个已经被证实对血压有影响的试剂。下面是使用了恰当的阳性对照的实验数据：

组	处理条件
A	未经处理
B	水
C	不含咖啡因的咖啡
D	含有咖啡因的水
E	含有咖啡因的咖啡
F	含有咖啡因的可乐
G	促血压药物

组	处理条件
A	未经处理
B	水
C	不含咖啡因的咖啡
D	含有咖啡因的水
E	含有咖啡因的咖啡
F	含有咖啡因的可乐

此实验再次说明，促血压药物能够证实实验体系能否检测到血压的变化。它还可以为实验提供一个参考，看一下咖啡因对血压的影响程度如何（如果咖啡因

对血压的确存在影响的话）。

阳性对照能够检测体系的多方面

到现在为止，在咖啡因实验中仅用的这个阳性对照是一种将会判断实验读数（血压的变化）能否被检测到的药物。除此之外，实验的其他一些方面也能够受益于阳性对照。比如，它可以被用于证明被试者是否真的消耗、吸收、代谢着给他们服用的咖啡因。这样的一个阳性对照是存在一定有益之处的：首先，它可以使调查者能够剔除那些不饮用他们的咖啡或咖啡因，并因此使数据失真的被试者；其次，它也可以作为引起对咖啡因的吸收和代谢产生差异的其他因素的对照。这能够用来使数据“标准化”，因此能够对比服用相同剂量药物的被试者的血压升高差异。做一个愚蠢的假设，我们假设相当于一杯咖啡所含咖啡因的量能够使被试者变绿，相当于四杯咖啡所含咖啡因的量能够使被试者变红。这些颜色可以被认为是检测被试者消耗咖啡因的剂量的“标记”，通过检测这些标记能够给科学家提供一个阳性对照来证实被试者实际上消耗的咖啡因的精确剂量。这种标记分析方法在当前的研究中是切实可行的，它是通过检测被试者尿液中的咖啡因的分解产物来实现的[①]。通过检测尿液中的这些代谢物，科学家能够推测出被试者实际摄入的咖啡因量。

科学家也许会认为检测尿液不是传统意义上的阳性对照，而是对体系有效性的验证；然而，任何帮助验证实验设计方面是否有效的方法，包括被试者饮用他们的咖啡，都可以认为是一种阳性对照。实际上，阳性对照的主要目的就是验证体系的有效性。这将被其他事例进一步证实。

组织培养实验中的阳性对照

我们再来回顾一下在第 12 章中问到的另一个问题：“神经生长因子（NGF）能否引起 Akt 的磷酸化?”这个问题的解决方法是利用表达 NGF 受体 TrkA 的细胞系。现在能够指出，证明“该细胞系是 TrkA 阳性的”和“受体 TrkA 是受 NGF 诱导的”是这个实验的阳性对照。

就像咖啡因实验中需要有标记证明被试者实际代谢的咖啡因量一样，在现在的这个实验中，研究人员需要有一个对照来显示 NGF 能有效地释放到细胞中。为了理解这个实验中的阳性对照，读者需要对 NGF 释放到细胞外如何引起细胞内信号转导要有更多的了解。生长因子与它的受体 TrkA 结合，该受体有部分暴

---

① 咖啡因的代谢发生在肝脏中，而且其产物 1，7-二甲基黄嘌呤、可可碱和茶碱是能够被检测到的。

露在细胞表面，存在跨膜区域，而且在细胞内有信号区域（图 1）。TrkA 的信号区域是一个酶，它能够引起酪氨酸的磷酸化。

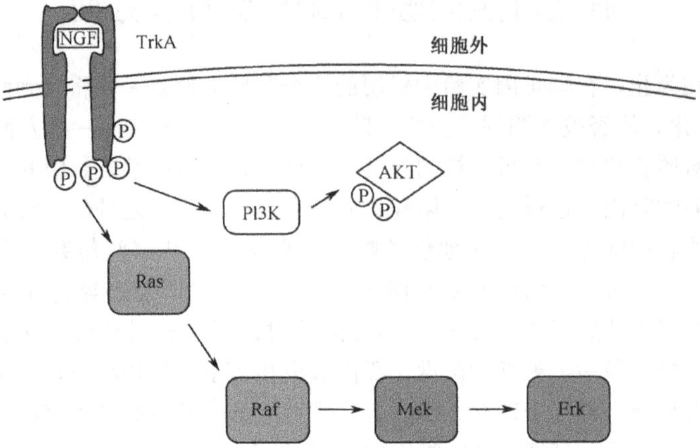

图 1　NGF 结合 TrkA。

NGF 实际上是和两个 TrkA 分子结合，使两个 TrkA 分子的信号区域靠近，这样每个信号区域通过对对方的信号区域的特定酪氨酸进行磷酸化从而激活对方（图 1）。这些磷酸化的酪氨酸变成了胞内酶的结合位点，它们可以与之结合，随后激活这些酶（图 1）。一旦被激活，这些酶就会与细胞内的其他蛋白质作用。这样有序的结合、磷酸化和激活，就像前面章节中简要解释的信号瀑布一样。

为了确定 NGF 能否引起细胞内像 Akt 这样特定的信号分子活化，首先需要知道是否有足够的 NGF 已经释放来诱导 TrkA 的磷酸化。这就是为什么 TrkA 磷酸化作为“NGF 能否引起 Akt 的磷酸化?”这个问题研究的阳性对照的原因。如果 TrkA 没有被 NGF 激活（例如，如果 NGF 的量不足或是使用的 NGF 有某些缺陷），就不能回答这个问题。

要回答“NGF 能否引起 Akt 的磷酸化?”这个问题，还需要另外两个阳性对照。首先，必须明确可以检测到 Akt 的磷酸化。其次，在相关的对照中，必须明确在所研究的特定细胞系中 Akt 能够被已经证实可以激活 Akt 的阳性对照生长因子激活。科学家 Carlita 查阅了文献，发现一个叫做胰岛素样生长因子-1（IGF-1）的蛋白质能够在相关的细胞类型中诱导 Akt 的磷酸化。这种细胞除了在细胞表面表达 TrkA 受体之外，还表达 IGF-1 的受体。将 IGF-1 作为阳性对照，Carlita 能够诱导这种细胞，检测到磷酸化的 Akt 的抗体，因此说明 Akt 的激活和随后的磷酸化是可以被检测到的。如果阳性对照 IGF-1 是不可用的，那么就没有方法知道磷酸化的 Akt 的抗体是否有效。

接下来的实验就是将前面章节讲到的阴性对照和本章讲的阳性对照结合起

来，解决“NGF能否引起Akt的磷酸化?”这个问题。将细胞提前进行生长因子饥饿处理。相同的细胞接下来做下列处理：

盘	处理条件
1～3	未经处理
4～6	只使用缓冲液（该缓冲液用于溶解7～12盘中的IGF-1和NGF）
7～9	NGF（足以激活TrkA受体的浓度）
10～12	IGF-1（足以激活IGF-1的受体的浓度）

“未经处理”和“只使用缓冲液”的组是阴性对照。“只使用缓冲液”的组是在第12章中讲到的一个“不被X影响”的对照。它可以证明在没有生长因子存在的情况下只加缓冲液是否能够引起实验读数的变化。IGF-1组为Akt的激活提供了一个阳性对照。我们来进一步举例说明，我们设计一个生化实验，从体外培养的细胞中获取蛋白质来检测Akt的磷酸化。

生化实验中的阳性对照

Carlita已经按照前一节介绍的方法处理了细胞，准备进行下一步实验：证实Akt的磷酸化情况。然而，就像刚才所说的那样，要证明这个生化实验的有效性还需要另外的阳性对照。Carlita按照下列的方案进行：

盘	处理条件
1～3	未经处理
4～6	只使用缓冲液
7～9	NGF（溶于缓冲液中）
10～12	IGF-1（溶于缓冲液中）

在细胞按所期望的时间处理之后[①]，利用缓冲液洗掉培养基和生长因子，然后用去垢剂缓冲液迅速裂解细胞。去垢剂溶解了细胞膜，使得包括Akt在内的细胞内蛋白质释放到缓冲液中。在这种“细胞溶液”中的蛋白质能够利用与特定蛋白质结合的专一抗体来进行分析。Carlita现在得到了她想要的蛋白质溶液，她将在该生化实验阶段需要解决的问题列举如下：

1. 经IGF-1处理之后IGF-1受体是否被磷酸化？这个对照在之前没有涉及，但是为了确 保IGF-1作为一个阳性对照确实可行，那么证明在实验中使用了足

① 这也需要有一个验证实验来确定所需时间，科学家需要做一个不同浓度生长因子的时间曲线，来观察诱导受体磷酸化的必需的生长因子量，以及如果得到该反应细胞需要被生长因子处理多长时间。为了避免读者质疑实验，需要简要提示一下存在对阳性对照的阳性对照。事实是绝大部分的（如果不是全部的）科学家很可能会遗漏这个对照，除非IGF-1确实不能激活Akt。在那种情况下，科学家可能确信通过检测受体的磷酸化确定IGF-1是起作用的。

量的 IGF-1 和 IGF-1 是高质量的，这些显然是很重要的[①]。

2. 经 NGF 处理之后，TrkA 受体是否被磷酸化？

3. 与阴性对照相比，Akt 的磷酸化是否由 NGF 和 IGF-1 诱导？

我们注意到在 Carlita 能够回答她的最后一个问题之前，她首先必须仔细检查阳性对照实验。也就是说前两步完成之后，Carlita 已经证实了她使用了足够的 IGF-1 和 NGF 来诱导细胞的信号转导。现在她接下来做实验来解决"NGF 能否引起 Akt 的磷酸化？"这个问题。为了实现这一目的，她使用两种抗体：一种是仅识别磷酸化（激活）形式的 Akt，另一种是不管 Akt 是否磷酸化（激活）都能够被识别的抗体。通过使用这两种抗体，Carlita 能够确定 Akt 被激活的比例（通过对比两种抗体的量）。将阳性对照实验和 Akt 实验结合起来，Carlita 获得了如下数据：

盘	处理条件	Akt 活性	TrkA 活性	IGF-1 受体活性
1	未处理	(—)	(—)	(—)
2	未处理	(—)	(—)	(—)
3	未处理	(—)	(—)	(—)
4	缓冲液	1%	2%	0%
5	缓冲液	3%	3%	2%
6	缓冲液	2%	0%	1%
7	IGF-1	220%	3%	500%
8	IGF-1	380%	8%	625%
9	IGF-1	340%	4%	400%
10	NGF	410%	745%	4%
11	NGF	290%	333%	4%
12	NGF	320%	530%	5%

观察这些数据，Carlita 能分析出：

1. 阳性对照是起作用的。经过 IGF-1 处理，足以激活它的受体，Akt 被活化；Akt 被磷酸化的量上升了 2～3.8 倍。

2. 使用足量的 NGF 来诱导它的受体 TrkA 活化。这证实了该体系是"有效的"；该细胞可以对 NGF 产生反应。

3. NGF 像 IGF-1 那样有效地诱导 Akt 活化。

根据这些数据，我们可以总结出 NGF 能够诱导 Akt 的磷酸化。如果现在得

① 相似的是，通过对比磷酸化受体的量和总受体蛋白的量，能够确定 TrkA 和 IGF-1 受体的活性。因此，如果磷酸化受体的量增加了 10%，并且受体蛋白的总量没有变化，那么受体的活性就增加了 10%。但是，如果磷酸化的受体的量增加了 10%，但是受体的总量增加了 50%，那么实际上磷酸化的受体的比例是比对照组降低了。

到了如下的数据，考虑一下实验中出现了什么情况：

盘	处理条件	Akt 活性	TrkA 活性	IGF-1 受体活性
1	未处理	(—)	(—)	(—)
2	未处理	(—)	(—)	(—)
3	未处理	(—)	(—)	(—)
4	缓冲液	1%	2%	0%
5	缓冲液	3%	3%	2%
6	缓冲液	2%	0%	1%
7	IGF-1	220%	3%	500%
8	IGF-1	380%	8%	625%
9	IGF-1	340%	4%	400%
12	NGF	3%	745%	4%
13	NGF	7%	333%	4%
12	NGF	4%	530%	5%

如果这些数据就是实验结果的话，我们可能会得出这样的结论：至少在这种实验条件下，NGF 不能诱导 Akt 的活化。我们再来关注一下科学家得到这样的“阴性”结果带来的影响。如果没有使用 IGF-1 阳性对照，会得到如下数据：

盘	处理条件	Akt 活性	TrkA 活性	IGF-1 受体活性
1	未处理	(—)	(—)	(—)
2	未处理	(—)	(—)	(—)
3	未处理	(—)	(—)	(—)
4	缓冲液	1%	2%	0%
5	缓冲液	3%	3%	2%
6	缓冲液	2%	0%	1%
7	NGF	3%	745%	4%
8	NGF	7%	333%	4%
9	NGF	4%	530%	5%

因为现在没有阳性对照来证明 Akt 的活化，所以 Carlita 不能确定她使用的 Akt 抗体是否起作用。因此，她最终可能会考虑放弃这些数据。这样的结论将迫使 Carlita 再来利用识别磷酸化的 Akt 的特异抗体来验证体系的有效性，如果她之前就使用了阳性对照的话就能够避免这些不良情况的发生。接下来，我们再来看一下遗漏了 TrkA 对照之后获得的数据：

盘	处理条件	Akt 活性	IGF-1 受体活性
1	未处理	(—)	(—)
2	未处理	(—)	(—)
3	未处理	(—)	(—)
4	缓冲液	1%	0%
5	缓冲液	3%	2%
6	缓冲液	2%	1%
7	IGF-1	220%	500%
8	IGF-1	380%	625%
9	IGF-1	340%	400%
10	NGF	3%	4%
11	NGF	7%	4%
12	NGF	4%	5%

如果获得这样的数据，Carlita 仍然会放弃这个实验，因为在这样的条件下，没有办法确定是否使用了足量的 NGF。Carlita 会说："NGF 大概是失效了"。它看起来确实是失效了，因为在这个实验中没有检测到受 NGF 影响的任何物质。

当所有的阳性对照都被使用的时候，放弃这个数据变得更难了。尽管放弃不受欢迎的数据绝不是科学家的目的，然而人终究是人，最好的方法就是做好所有的相关对照。接下来，我们思考一下如果获得如下数据，该如何解释这个实验：

盘	处理条件	Akt 活性	TrkA 活性	IGF-1 受体活性
1	未处理	(—)	(—)	(—)
2	未处理	(—)	(—)	(—)
3	未处理	(—)	(—)	(—)
4	缓冲液	1%	2%	0%
5	缓冲液	3%	3%	2%
6	缓冲液	2%	0%	1%
7	IGF-1	220%	3%	500%
8	IGF-1	380%	8%	625%
9	IGF-1	340%	4%	400%
14	NGF	50%	745%	4%
15	NGF	40%	333%	4%
12	NGF	32%	530%	5%

在这个实验中 NGF 确实激活了 Akt，但仅是 IGF-1 激活 Akt 水平的 13%。虽然 NGF 受体（TrkA）活性与 IGF-1 受体活性相当，但 NGF 只能诱导 Akt 活性增强 40%，而 IGF-1 能够诱导 Akt 活性增强 2～3.8 倍。该实验结果有力地说

明了阳性对照的对照作用。将这些数据与遗漏了IGF-1阳性对照的实验数据进行对比：

盘	处理条件	Akt活性	TrkA活性
1	未处理	(−)	(−)
2	未处理	(−)	(−)
3	未处理	(−)	(−)
4	缓冲液	1%	2%
5	缓冲液	3%	3%
6	缓冲液	2%	0%
7	NGF	50%	745%
8	NGF	40%	333%
9	NGF	32%	530%

通过这些数据，Carlita会兴奋地下结论：NGF能够诱导Akt活化。在没有IGF-1阳性对照提供的结果作参照的情况下，她不可能知道由NGF诱导的Akt活化的量与另一种生长因子诱导的Akt活化的量相比，是微乎其微的。这样的信息可能会引入一个问题：这样的活化水平能否引发整个级联反应。如果使用了阳性对照，疑惑就解决了。最后，如果数据如下所示，思考一下如何下结论：

盘	处理条件	Akt活性	TrkA活性	IGF-1受体活性
1	未处理	(−)	(−)	(−)
2	未处理	(−)	(−)	(−)
3	未处理	(−)	(−)	(−)
4	缓冲液	1%	2%	0%
5	缓冲液	3%	3%	2%
6	缓冲液	2%	0%	1%
7	IGF-1	220%	3%	500%
8	IGF-1	380%	8%	625%
9	IGF-1	340%	4%	400%
16	NGF	50%	74%	4%
17	NGF	40%	33%	4%
12	NGF	32%	53%	5%

在这种情况下，Akt被活化的量与受体活化的量是成比例的。例如，IGF-1，它的受体活化程度很高，同时也可以看到Akt高水平磷酸化。然而，当使用NGF时，TrkA受体活化程度仅是使用IGF-1所诱导的IGF-1受体活化程度的

10%。因此，有人可能会说：虽然 NGF 只能低程度活化 Akt，但是与 IGF-1 相同，它们激活 Akt 的程度都与各自的受体的活化程度相关。如果实验中使用了过少的 NGF 或者没有足够的时间来激活信号转导时，将会得到这样的结果。我们再一次看到了阳性对照对实验结果的重要意义。

遗传学实验中的阳性对照

现在我们再来回顾一下在第 12 章中问到的遗传学问题："在老鼠中敲除 *BRCA1* 基因是否增加乳腺癌的发生率？"在前面讲到为了解决这个问题，通过仅在老鼠的胸部组织中敲除 *BRCA1* 基因，获得了"条件性敲除"老鼠。然后将这些"*BRCA1* 敲除"老鼠与所有组织 *BRCA1* 基因都完好的老鼠比较。像在前面章节中设计的那样，该实验分为以下几组：

第一组	$BRCA1^{+/+}$或 *BRCA1* 正常老鼠
第二组	$BRCA1^{+/-}$或 *BRCA1* 杂合老鼠
第三组	$BRCA1^{-/-}$或 *BRCA1* 敲除老鼠

从老鼠出生后的两周～两年，随着时间变化，定期取三组老鼠组织进行检查。在每一个时间点，都要确定每一组老鼠的乳腺癌的发生率。下面是该实验显示乳腺癌发生率的第一批数据：

年龄	$BRCA1^{+/+}$正常	$BRCA1^{+/-}$杂合	$BRCA1^{-/-}$敲除
2 周	0%	0%	0%
1 个月	2%	0%	1%
2 个月	2%	3%	2%
6 个月	2%	3%	2%
1 年	2%	3%	25%
18 个月	2%	3%	30%
2 年	2%	5%	30%

很明显这个实验中缺少了阳性对照。这样的阳性对照是很重要的。首先，应该使用一种已知的能够引发乳腺癌的基因或化学药品，验证使用的老鼠对癌症没有异常的抵制，并证明当乳腺癌发生的时候，科学家能够观察到。例如，如果有证据表明有一种叫做 EMS 的化学物质，经该物质处理后 1 年内，乳腺癌的平均发生率为 25%，这种化合物就能作为该实验的参照。如果在上面的实验中使用了该阳性对照来处理"正常"的老鼠，我们会看到如下数据：

年龄	*BRCA1*$^{+/+}$正常	*BRCA1*$^{+/-}$杂合	*BRCA1*$^{-/-}$敲除	EMS 处理
2 周	0%	0%	0%	2%
1 个月	2%	0%	1%	5%
2 个月	2%	3%	2%	8%
6 个月	2%	3%	2%	15%
1 年	2%	3%	25%	25%
18 个月	2%	3%	30%	40%
2 年	2%	5%	30%	80%

阳性对照再一次为实验提供了背景资料。化学药品 EMS 处理和 *BRCA1* 基因敲除一年时都会诱导乳腺癌的发生率达到 25%。但是，随着 EMS 处理时间的延长，肿瘤的发生率是呈线性增长的。相比之下，*BRCA1* 基因的敲除对肿瘤的影响是有“极点”的；在处理 1 年时，肿瘤的发生率有明显的增长，相对于 6 个月时的 2% 有一个很大的跳跃。由 EMS 处理所获得的数据，为科学家相信 *BRCA1* 敲除 6 个月以后的那些数据提供了很大的帮助。观察到在 6 个月和 1 年之间肿瘤的发生率的增长产生那么大的变化，有人可能会猜想：在 6 个月的时候是不是产生了一些“奇怪”现象；可能是肿瘤被漏查了或者是太小看不见。但是，有了 EMS 的数据，科学家能够确信，当用 EMS 处理 6 个月时，无论是谁都会发现相同的肿瘤发生情况。如果对此进行“盲目”的分析，也就是说如果科学家没有意识到该组，那么该结果就变得尤其可信了。使用了阳性对照得到的数据，使 *BRCA1* 基因的敲除小鼠肿瘤发生产生的这个跳跃性变化变得尤为显著。这一系列事件提出了一个问题：在 6～12 个月之间是否发生了一些特殊的情况来促使老鼠对 *BRCA1* 基因的敲除变得敏感。在使用了阳性对照的情况下，这样的问题变得更加明显。

经 EMS 处理之后的老鼠最终都产生了肿瘤，与此不同，*BRCA1* 基因的敲除的老鼠仅有 30%产生肿瘤。这些使人们不得不怀疑：*BRCA1* 能否引发肿瘤的产生，是不是需要有一些其他的事件发生，是不是仅在这 30%的老鼠中发生了这些事件。

阳性对照，用于利用抗体确定某一组织中是否存在指定蛋白

我们回想一下在前面章节中提到的科学家 Betty Sue，他想要确定骨骼肌中是否含有“nebulin”蛋白，如果含有此蛋白质，它定位于何处。在上一章中就缺少了一个能够证实 nebulin 蛋白抗体是否有效的阳性对照。下面的图表显示了第 12 章中的实验内容。我们来回想一下对肌肉组织切片进行染色的抗体：

样本	*nebulin* 基因敲除后老鼠的肌肉组织	正常老鼠的肌肉组织
nebulin 抗体	未见着色	收缩装置着色
nebulin 抗体并加入竞争性短肽	未见着色	未见着色

但是，如果所得数据如下表所示：

样本	*nebulin* 基因敲除后老鼠的肌肉组织	正常老鼠的肌肉组织
nebulin 抗体	未见着色	未见着色
nebulin 抗体并加入竞争性短肽	未见着色	未见着色

如果实验结果如上表，那就没有办法知道是否由于 nebulin 特异抗体的问题而导致数据的缺失。除此之外，也不会知道实验所采用的方法是否有效。例如，处理组织样本的过程中可能阻止了抗体对蛋白质的检测。

在这个实验中必须加入两个阳性对照来说明该体系的有效性。首先，应该使用一个已经证实可以检测骨骼肌中某一蛋白质的抗体。为了使用这样一个阳性对照，Betty Sue 阅读了文献，发现在肌肉的收缩装置中存在一种被称为“titin”的蛋白质，并且隔壁实验室的同事 Scooter 已经获得了该蛋白质的抗体。Betty Sue 从 Scooter 那里获得了该抗体。下面正是使用了该抗体之后所获得的实验数据（同时也使用了该抗体的竞争性短肽对照）：

样本	*nebulin* 基因敲除后老鼠的肌肉组织	正常老鼠的肌肉组织
nebulin 抗体	未见着色	未见着色
nbebulin 抗体并加入竞争性短肽	未见着色	未见着色
titin 抗体	可收缩部位着色	可收缩部位着色
titin 抗体加入竞争性短肽	未见着色	未见着色

使用了 titin 抗体阳性对照之后，Betty Sue 能够确信她所进行的免疫组化实验的正确性；换句话说，她可以利用一个抗体检测到肌肉组织中的结构，这一发现为该实验的极多方面（尽管不是全部）提供了对照。剩下的一个对照就是对 nebulin 抗体本身有对照作用的物质。当实验获得一个阴性结果的时候，Betty Sue 如何确定这样的结果是证实该组织没有 nebulin 蛋白，还是她的 nebulin 抗体本身不起作用？

证实 nebulin 抗体能否检测到 nebulin 蛋白的最简单的方法是制备重组的 nebulin 蛋白（或者至少制备出 nebulin 蛋白中与该抗体结合的部分片段）。这些在实验室中可以很容易地获得。这个“重组 nebulin”蛋白也可以被标记上一个附加的短肽，并且科学家已经获得了该短肽的抗体。由于阳性对照短肽与 Betty Sue 所要检测的蛋白质融合在一起，所以这个“抗原决定簇”标记的 nebulin 蛋白会提供一个更强的阳性对照作用。下面便是使用了所有的阳性对照之后获得的实验数据［为了更明了，“未着色”用（—）表示，“着色”或反应用（+++）表示］：

样本	*nebulin*基因敲除老鼠	正常老鼠	抗原决定簇标记的 nebulin
nebulin 抗体	(—)	(—)	(—)
抗原决定簇抗体	(—)	(—)	(+++)
nebulin 抗体并加入竞争性短肽	(—)	(—)	(—)
titin 抗体	(+++)	(+++)	(—)
titin 抗体加入竞争性短肽	(—)	(—)	(—)

使用了上面的阳性对照之后，Betty Sue 最终发现她的 nebulin 抗体是不起作用的。她甚至不能检测到重组的 nebulin 蛋白。而使用了抗原决定簇标记的 nebulin 重组蛋白却被检测到了，这说明该重组蛋白确实是存在的。

附　　言

尽管几乎每一个发表的实验都使用了阴性对照，但是阳性对照却往往被忽视了（或者没有公布）。就如我们之前所述，缺失了阳性对照完全能够改变实验所获得的结论。阳性对照不仅能够证实实验体系的有效性和实验参数的正确性，而且能够为实验提供可参考的内容，以便帮助人们发现新的研究线索。

14 方法和试剂

过去大部分科学家习惯于使用一两种他们最喜欢的方法来解决问题，而现在这种情况已经有所改善。遗传学家们将果蝇或酵母作为实验材料，通过研究与突变相匹配的表型而得出结论。分子生物学家则非常善于操作 DNA。例如，分子生物学家可以在编码特定蛋白质的某段 DNA 上引入一些突变，以此来观察这些突变是怎样影响蛋白质的性质以及功能的。为了在蛋白质“通常的环境”中研究这些突变，分子生物学家就需要把突变了的 DNA 转化到特定的细胞或有机体内[①]。由于研究人员接下来需要对“转染细胞”进行研究，分子生物学家这时候就必须使用细胞生物学家的技术，在组织培养体系和有机体内研究细胞。药理学家与分子生物学家的思维非常相似，不同的只是药理学家不再利用遗传构建体来改变一个系统，而是利用一种药或“化学试剂”来引起改变。“试剂”作为专业术语，包括了科学家在研究某种影响的时候在一个实验体系内可能用到的全部工具[②]，比如小分子、遗传构建体、抗体或者检测工具。

另外一种先前被认为使用截然不同的实验方式的学科是生物化学，现在它已经和分子生物学以及细胞生物学结合得非常紧密了。将一个基因的突变体插入到细胞中，来研究目的蛋白是怎样影响细胞的功能的。此外，科学家们往往还希望知道一些细节，比如特定的细胞组成是如何被改变的。为了达到这个目的，蛋白质、脂类、糖类或核酸等特定组分可以被分离出来，以便研究它们改变的条件。尽管科学研究方法需要适应多元化的研究目的，科学家们却往往对某一特定的实验方式会有“最佳选择”，他们倾向于运用单一的方法来解决问题。

就像通常所说的：没有人会期望医生能够同时完成律师的工作。并且即使在医学领域内，外科医生也不会脱离他们熟悉的领域而去涉足精神病学，同样精神科医生也不会越步到手术室里去。通常人们行为专一是因为交叉训练并且在多方面都表现得同样出色是很困难的。虽然事实如此，但是我们必须认识到在一个科学问题的研究中仅仅使用一种方法是存在问题的，或者可以说，使用多于一种的方法具有非常大的优势。无论是哪种实验，当在特定的系统中进行操作时，都是

---

① 转化是指将一段 DNA 插入细胞内的过程；可以通过转染（不使用感染性试剂，比如细菌或病毒）或者感染（使用感染性试剂来完成这个过程）。

② 字典上对试剂的定义是“任何在化学反应中使用的介质”，但是这个术语在生物学中被使用得更加广泛。

为了研究另外一个参数的变化，也就是说科学家引入变量X是为了研究结果Y。但其中也有风险，那就是在引起结果Y的同时，该操作也有可能引起没有预计或没有被注意到的影响Z。即使有按照传统方式精心设计的阴性和阳性对照，仍然很难说明单一方式或试剂所引起的影响是否是通过其他没有被认识到的机制的。因此科学家们设置一个“非X”对照来排除干扰，在这种情况下X就作为了原始的实验条件。这种类型的对照称为“方法学对照”。为第一种方法的不可知因素设置第二种干扰对照的原因是，两种不同的方法引起相同的外加影响几乎是不可能的。换言之，科学家使用越多种不同的方法研究课题而能得到同样的结果，这个结果就越有可能是由原本的假设引起的，而不是由其他一些不可预见的因素。这些论述的基本原理我们将在下面的章节中详细讨论。

需要方法学对照的具体事例

这里我们讲述一名叫François的科学家，用药物Widget处理细胞来研究它对Krakatoa蛋白的抑制作用。对François来说，他并不知道Widget除了能对Krakatoa起作用外，同时还能抑制另外三种蛋白质。正是由于François不知道这种药理学试剂的其他细胞靶点，他就假设所观察到的Widget的作用都是由于抑制了Krakatoa本身引起的。在实验设计和体系建立的过程中Widget也没有其他活性被证明，因此Widget就被作为Krakatoa的抑制剂使用。也就是说，事实上与阴性对照组相比Widget处理可以引起由全部四种蛋白质改变所带来的影响，但François却认为只是由于Widget抑制Krakatoa的作用造成了结果。“常规”的系统对照只是为了证明Widget的确阻断了Krakatoa蛋白的表达，因此实验中所采用的系统对照事实上夸大了Widgct的作用。

科学家通常可以通过引入不同的外加系统对照来判断一种干扰是否是特异的，从而排除那些由于所使用的试剂种类所引起的作用效果的夸大。例如，在之前的章节中介绍过我们可以非常轻易地检测一种抗体是否特异。作为阳性对照，可以设计重组形式的蛋白质作为抗体。作为阴性对照，我们可以使用不含有所研究的目标蛋白的“蛋白质裂解液”①。如果在阴性对照样本中抗体检测到了蛋白质，那么科学家就可以知道抗体不是针对目标蛋白的。即使没有针对目标蛋白的有效阴性对照，也可直观地看出一个抗体是否与多种蛋白质都能结合，因此比较容易得出特异性。而像“siRNA”（小片段干扰核糖核酸）这类试剂，却很难判断特异性。一种siRNA是可结合到特定的mRNA上并介导由特异的RNA降解

① “蛋白质裂解液”是裂解细胞或组织后得到的蛋白质的混合物，通常使用蛋白质变性剂来破坏细胞膜。

酶类完成的针对双链 RNA 区域降解过程的小片段核糖核酸。尽管特定的 siRNA 是针对某一 mRNA 个体“设计”的（将其序列与病毒载体结合），它仍然有可能由于较短的同源配对与其他 mRNA 结合。尽管这种情况很难直接被发现，事实上却非常容易设计一种替代试剂或方法学对照；由于它们都是针对同一靶点设计的，科学家们就可以通过观察它与这些“应该”有同样效果的试剂或方法是否相同，从而很容易地知道这种试剂是否特异。对于 siRNA，可以设计第二种 siRNA，如果也能够成功地阻断与第一个 siRNA 同样的基因，但是阻断活性却不相同，科学家们就可以判断出其中一条 siRNA 在阻断预期靶点之外，还有其他生物学效应。在这组实验中，由于试剂对照没有支持最初的 siRNA 结果，与其针对任意一条 siRNA 的结果做出结论，科学家最好还是等待进一步的实验数据。

另外一个方法学对照发挥重要作用的实例，是利用过表达某个基因的显性负突变（“dominant negative” mutation）来抑制蛋白的表达。引入显性负突变的结果是表达靶蛋白的另一种无义形式，竞争性地抑制了活性形式的表达，从而抑制蛋白质的活性。但是在科学家使用这样的构建体时，往往有可能引入其他未知的影响。比如一种内源蛋白被显性负突变取代后继续保持活性，只是细胞定位发生了改变，它就可能产生新的影响。另一种可能是，这种突变蛋白不是通过科学家预期的方式来抑制信号通路的，而是通过由突变体引起的结合或细胞定位所造成的。

对于所有这些由于使用单一试剂所引起的不可预期的影响，使用第二种试剂或一种完全不同的方法，可以作为先前不可知因素的有效对照。

试 剂 对 照

Krakaroa 蛋白中的一部分是下列氨基酸序列：

pyecklcllr fsqsgnlnrh mrvhgaasmm

Krakaroa 的一种抗体是针对下列 8 个氨基酸的肽段序列的：

vhgaasmm

François 称这种抗体为“GAASM”抗体。使用“GAASM”抗体，François 首次证明了它可以检测出经过重组的、纯化的 Krakaroa，它在阴性对照裂解液中是“空白”的。以下是他的验证实验：

抗体	Krakatoa 蛋白	缓冲液	不含蛋白的裂解液
GAASM	+++[a]	(−)[a]	(−)
不相关抗体	(−)	(−)	+++

a+++表示“阳性”，在反应中抗体与蛋白质相结合；(−) 表示“阴性”，在反应中抗体与蛋白质不结合。

这并不是一个糟糕的验证实验。François 证明了抗 Krakaroa 某一肽段的抗体的确能够检测到 Krakaroa，在不含 Krakaroa 但含有成千上万其他蛋白质的细胞裂解液中，抗体不与任何物质结合。其次，作为一个额外的阴性对照，另外一种蛋白质的抗体被作为“不相关抗体”使用，它不能够检测到 Krakaroa，但确实能跟细胞裂解液相互作用，检测到相应的蛋白质。这是一类应该在实验组中作为初始筛选标准的验证实验。

作为后续实验，François 现在想利用他的 GAASM 抗体来看 Krakaroa 在细胞内是如何定位的。这一实验被称为免疫染色实验。科学家们切制非常薄的组织切片，薄到一层几乎只有一个单体细胞，然后利用抗体与切片相结合。一种抗体检测试剂被用来检测抗原的细胞定位。当 François 进行他的实验时，他看到细胞内一些区域由于它的 GAASM 抗体的结合而呈现“明亮”状态。由于已经证明了抗体能够识别 Krakaroa，但不与裂解液中成千上万的其他蛋白质结合，François 据此得出结论，他的 GAASM 抗体能够定位 Krakaroa 在细胞中的位置。几个月过去之后，用他的 GAASM 抗体发表了一篇文章，报道 Krakaroa 在细胞内的定位。

事实上，*Krakaroa* 基因敲除的动物已经可以获得了。这种动物带有一个突变，导致 *Krakaroa* 基因失活；因此，这种动物所有的细胞中都不表达 Krakaroa 蛋白。François 得到了这种基因敲除的动物，用它来作为 GAASM 抗体的新的更进一步的阴性对照。让他大吃一惊的是，抗体所显示的明亮区域与先前的完全一致。因此他面临着非常尴尬的现实，就是尽管他做了验证实验，他的抗体仍与非 Krakaroa 的某个蛋白质或某个分子作用了。这是如何发生的呢？事实上是由于免疫染色实验中的细胞实验方法是不同的，它的组织切片会比复合蛋白质裂解液多一些结构复合体，被“验证”过的 GAASM 抗体此时暴露在一些更多的组织结构中，它明显地与这些结构中的一个相互作用，就出现了这种情况。

由于 François 面对着令人困扰的新结果，他就非常迫切地需要再制备一种新的抗体来确定是他之前出了一些错误，还是新的试剂能够支持第一种抗体得到的结果。因此他又重新找出原来的序列，利用以下肽段制作了第二个抗体：

pyecklc

我们可以看出这是一段完全不同的肽段序列，但它也是 Krakatoa 蛋白序列的一部分。François 给这个抗体命名为 YECKL。他通过了和 GAASM 抗体同样的验证实验，当 François 重新进行免疫染色实验时，他在类似的组织切片上分别使用 YECKL 和 GAASM 抗体，比较染色的结果。

现在，我们假设 François 没有得到 *Krakatoa* 基因敲除动物的组织，因为这类对照通常是不容易获得的。以下是 François 得到的结果：

抗体	反应
GAASM	与染色质、内质网、细胞膜和其他囊泡结构等结合
YECKL	只与染色质结合
不相关	与其他结构作用

这些结果说明，针对同一种蛋白质的不同片段的两种截然不同的抗体，能够得到不同的结果，但往往是有交集的。YECKL 抗体与 GAASM 抗体所结合的结构中的一部分发生作用。那么 François 怎样来判断哪一个结果是"真实"的呢？基因敲除组织可以作为"绝对阴性对照"被用来给出答案。但是我们还要再一次说明，这种对照通常是不容易获得的；另外，本章的重点是要证明试剂对照的必要性。在这种情况下，François 制作了 Krakatoa 蛋白的第三种抗体。这种抗体是针对以下的肽段序列制作的，它也是 Krakatoa 蛋白序列的一部分，并且与其他两种蛋白质的靶序列完全不同：

fsqsgnlnrh

François 将这第三种抗体命名为"Tiebreaker"。Tiebreaker 抗体也通过了同样的验证实验，它能够跟 Krakatoa 蛋白结合，但不与细胞裂解液中的其他蛋白质结合。利用 Tiebreaker 抗体，François 又做了一次免疫染色实验，得到以下结果：

抗体	反应情况
GAASM	与染色质、内质网、细胞膜以及其他膜结构发生作用
YECKL	只与染色质发生作用
Tiebreaker	只与染色质发生作用

现在，基于以上这些数据，François 慎重地发表结果说他之前犯了一个错误，而现在可以确定 Krakatoa 蛋白只在染色质中表达，不会定位在其他先前报道的结构中。

François 新的解释基本上是正确的：如果一种试剂存在"随机影响"，那么分别使用的两种试剂存在同一种"随机影响"的概率显然非常小。就以一种抗体为例，由于它可能与一些结构发生作用而不是同预期的靶点相互作用，导致染色的类型可能有成千上万种。如果针对同一蛋白质的另外一段肽段设计第二种抗体，它与相同的"二级结构"结合的概率就非常小了。上述情况如果要发生，这个二级结构必须同时有针对靶蛋白上这两段肽段序列的"抗原决定簇"。尽管这种概率可能是非常低的，但非常重要的问题是，这种情况仍然是可以发生的，例如，在同一个"家族"中的第二种蛋白质，与正在研究的蛋白质有很多相同的结构域。这是信息收集非常重要的另外一个例子。科学家可以预先通过序列比对检查 Krakatoa 是否有“家族成员”，序列比对是将 Krakatoa 蛋白的氨基酸序列与所研究动物基因组中的每个已知基因的序列进行比较。如果科学家发现 Krakatoa 蛋白相关的家族成员，就可以通过比对“类 Krakatoa”蛋白与 Krakatoa 蛋白本身的序列，从而保证用来制作抗体的序列是 Krakatoa 蛋白上独特的部分。

我们看到试剂对照既是有利的，又存在局限性。如果它与第一种试剂是采用不同的方法制作的，那么它就可以作为第一种试剂（在上面的例子中是抗体）的有效的特异性对照。尽管如此，如果它的制作方法并不能区别靶蛋白和与第一种试剂非特异性结合的杂蛋白，那么第二种试剂并没有起到有效的特异性对照作用。相反地，它将会误导科学家，使他们错误地“确认”实验结果。

继续将上面的事例补充完整，François 最后用 *Krakatoa* 基因敲除的组织来检测他的抗体，所得到的结果证实他第二次的解释是正确的，*Krakatoa* 定位在染色质上：在 *Krakatoa* 基因敲除动物的组织中，François 用 Tiebreaker 和 YECKL 进行免疫染色实验，没有看到任何颜色。*Krakatoa* 基因敲除的组织也为这些抗体是否与 *Krakatoa* 基因家族的其他蛋白质相结合提供了很好的对照，因为当 *Krakatoa* 被敲除后，它的家族成员仍然存在。

方法学对照的必要性

前一个例子证明了一组用第二种抗体所设的对照可以作为试剂对照，能够证明所使用的第一种抗体的特异性。但是，正如上面例子中所讲述的，存在一些实验组很难用同一类型的第二种试剂来证明前一种试剂的特异性。以抗体为例，如果存在一些蛋白质与正在研究的蛋白质具有相似的肽段序列，那么第二种抗体仍然有可能与相同的一组蛋白质结合。因此，使用第二种抗体来作为“特异性对照”可能是不完全合理的。唯一能够避免这种问题的途径，是搞清楚这个抗体所针对的肽段序列，如果可能的话尽量使这段序列不是家族中共有的序列。

以下的例子也说明了单一的试剂对照往往不能充分证明试剂的特异性：François 用一种药物来抑制 Krakatoa，并且这种药物是针对 Krakatoa 酶表面的一个特定的“位点”，这个位点正巧也是另一种化学试剂，例如 ATP 的结合位点。用这种 Krakatoa 抑制剂，François 观察到一个特殊的现象：他看到用这种药物处理的细胞都变蓝并且死亡。通过上面的例子 François 明白他必须进行一个额外的实验。他采用一种完全不同的药物来作为第二种起对照作用的试剂，它也是已知的 Krakatoa 抑制剂，被用来重复之前的实验。这一次，细胞又变蓝并且死亡了。

刚刚想要结束实验提交论文，这时候他又想到了另外一个问题：这两种药物可能是作用在 Krakatoa 的同样的结构域上。因此，尽管它们的化学本质完全不同，但是如果 Krakatoa 上的作用“位点”同时也存在于其他蛋白质上，那么这两种药物就可能有相同的外加影响。在这种情况下，第二种试剂对照的意义有点类似于上面那个例子中 François 制作针对 GAASM 抗体同一段序列来制作第二种抗体。尽管它也是一个新抗体，第二种 GAASM 抗体极有可能具有和第一种同样的非预期效应。在这个例子中也是同样，尽管第二种药物可能具有不同的化学本质，如果它和第一种药物阻断 Krakatoa 的方式是相同的，那么它也极有可能具有相同的外加影响。因此，如果不能够找到一种通过不同机制阻断 Krakatoa 的药理学试剂，那么 François 最好不要采用药理学试剂作为对照。同样的，如果正在研究的蛋白质没有一段特异的序列，那么另外一种类型的特异性对照比第二种抗体更适宜作为检测蛋白质的方法。这第二种类型的特异性对照就被称为“方法学对照”。

方法学对照是指用与第一个实验不同的方法来验证实验结果。在第一组实验设计中，采用一种药理学试剂来阻断 Krakatoa；在设置第二组实验时，需要采用一种不同的方法来阻断它。下面的例子重点在于介绍不使用药物而使用另外一种方法同样能够达到抑制靶蛋白的目的。

为了理解方法学对照与普通对照的不同之处，我们首先讨论一下如果仍然使用一种药物来阻断 Krakatoa 的情况：在第一组实验中，所使用的药物的作用是已知的。根据化学结构，这种药物可以进入 Krakatoa 的活性位点，那里是 ATP 的结合位点，因此这种药物是通过干扰 ATP 的结合影响 Krakatoa 的活性的。正如上面提到的，其他阻断 Krakatoa 的药物也可能有同样的作用，因此 Krakatoa 的第一个和第二个药理学抑制剂很可能具有同样的附加影响。接下来讨论一个潜在的方法学对照：Krakatoa 的显性负突变对照。这种抑制剂阻断 Krakatoa 的方式与药理学抑制剂是完全不同的。不像小分子化学物质那样进入 Krakatoa 的活性位点，显性负突变编码一种“没有活性”的蛋白质，在 Krakatoa 通常起作用的位点取代它的位置。在所有与 Krakatoa 蛋白活性位点作用的蛋白质中，能够同时与活性位点发生作用，又被没有活性的显性负突变抑制的蛋白质数目，如果不是零的话也非常接近零。举例来说，“酪氨酸激酶”是一个大的蛋白质家族，这些酶可以在特定的底物蛋白质的酪氨酸上添加一个磷酸分子。由于酪氨酸激酶家族蛋白质的结合位点都非常相似，所以很多化学分子都能同时阻断多种酪氨酸激酶。但是一个特定的酪氨酸激酶的显性负突变形式却很少阻断家族中的其他蛋白质，这是因为家族成员分别是与很多截然不同的蛋白质结合的。尽管一种显性负突变阻断不止一种蛋白的情况还是有可能发生，但是比起使用一种在第二个活性位点起作用的抑制剂，使用方法学对照来阻断一种特定的酪氨酸激酶，将出现“非预期影响”的可能性显著地降低了。

重要警示

从之前的这些例子中可以发现，有一个非常重要的问题需要说明：试剂对照和方法学对照可以减少试剂对实验结果造成的不可预知影响，即使并不能完全排除。另外，慎重地使用不同试剂的组合，或者不同的方法学对照，即使不能排除也能够显著减少有共同不可预期影响的机会。显而易见，如果科学家可以通过一种试剂对照或者方法学对照减少未知因素的影响，那么使用第三种试剂或方法学对照将会使外加干扰因素影响实验结果的机会减到更小的程度。更进一步，如果将试剂对照和方法学对照结合起来，将会得到更有意义的帮助。采用越多的方法来解决同一个问题，就越有可能排除一种方法或试剂的弊端。

15 研究对象对照

本章的重点是识别特定实验背景下的“代表案例”。正如之前章节提到的，结论具有代表性是非常重要的。从数据得来的验证标准就是：模型是否可以准确地表示未来要发生的事情。如果用于建立模型的数据不具代表性，那么一旦将其应用于典型事例中模型就会失败。因此，可以说不具代表性的数据是不能够帮助建立应用于常态背景中的模型的。

在之前的章节中已给出一个相关的例子：一个研究某药物是否可以使肥胖者减肥的课题。在实验中，组成“研究对象”的个体比其他需要减重的人更有积极性，而且他们处于仔细的监测之中。因此，由实验组得到的结果不太容易转化为更具普遍性的例子。很清楚，即便减肥实验在这群有高度积极性的人群中做得很成功，它仍旧不能得到可以准确预测“典型”药效的模型。基于我们已讨论过的原因，抗肥胖药物被重新在更具代表性的实验组中进行测试。在第二个实验中，个体不需要增加锻炼强度或者改变饮食习惯，唯一的改变就是服用减肥药物或者安慰剂。第二次实验得到的结果与第一次非常不同。最明显地，被测试者并没有像第一个实验中那样减重。

研究对象可能被选中来代表一个特殊事物——即便它不是最具普遍意义的事物

减肥药物的例子说明了“明确研究对象代表了何种情况”的必要。如果实验是为了代表典型患者，那么实验时就必须有这一类型的患者参与。当然，科学家或许会有别的目的。假如研究对象需要“有代表性”，科学家就要问了：“代表什么?”

举例说，对于“天空是什么颜色的?”这一问题，一天中的所有时间都和该问题有关。因此天空就需要在多日内的多个时间点进行实验，来决定什么才是“有代表性的”。而在“咖啡因是否会提高血压”的例子中，很明显研究对象不能够服用降压药。这其中也有决定“典型事物”的需求。在减肥药物实验中，科学家必须要决定哪些问题需要回答。“减肥药对于一类特殊人群（比如说那些积极运动并控制饮食的人）是否有效，或者对更具代表性的，不那么积极运动的人群是否有效”这个问题是需要回答的问题吗？它们是非常不同的问题。在第一个减肥药物研究中，被测试者都积极运动又控制饮食，说明了这种药物帮助人们在坚持这些步骤的同时减少更多体重。这可不是无关的问题，它可以引起和这类人群相类似的人们的兴趣。尽管第二个研究表明这种药物不能够使懒于运动的人减重，也不能够认为第一个研究的结果是不合理的；相反，它建立了能够使药物有效的条件。需要指出的是，如果仅有第二个实验，药物在运动中起到的促进减肥的功能就不会被发现了。因此，我们可以看到，总是代表“普遍性”的研究对象有可能使科学家错过一些有用的信息。

那么预测未来的模型还需要什么呢？模型是用于显示未来要发生的情况，模型要限制在命题范围之内。没有理由认为人们不能够建立这样一个模型：“相比服用安慰剂的常运动人群来说，药物 X 可以引起运动人群额外减重；但是却不能够使不运动的人群减肥。”这一模型是符合“代表现实”这一要求的。

在当代医学界，发展“个性药物”的呼声越来越高，也就是说，药物要作用于具有一定特性的人群，即便这些特性并不常见。为了生产这种药物，科学家需要研究特殊人群的“标志物”的改变是否是用于确定药物有效的条件。在减肥药物的例子中，“标志物”就是研究对象的运动量。这两个研究结合起来，就说明了这种减肥药与“运动”这一标志物相关。

寻找有代表性的客体

减肥药物最初的实验设计可以被重新定义为药物在何种情况下有效。在该例中，科学家可以按照以下模式设计实验问题：“在什么情况下药物 X 能减肥？”

注意这个问题是有目的、有侧重的。对于问题“天空是什么颜色的？”或者“咖啡因是否引起血压上升？”，科学家想要结果具有普遍意义。在减肥的实验中，科学家想要得到的是药物的疗效，即使这种药物不是对所有人有效，对一部分人有效，这也没关系。

只要重点在模型中有体现，研究目的明确，有一些侧重也没有问题。例如，一个科学家开发出了一种新的抗癌药物。在患有胃癌的一个大样本中，这种药物没有什么效果。因此初步鉴定这种药物是失败了。但是，在一个回顾性分析中科学家发现，某个基因（“基因 *X*”）发生突变的患者服药后确实延长了寿命。我们已经说过，这种回顾性分析不足以得出结论，因为数据的得来是有选择性的。但这种发现不是完全不可用的，它可以用来提出新的问题。因此，我们假设科学家开始了一个新课题：“这种抗癌药物是否可以延长基因 *X* 发生突变的患者的寿命？”

新研究将以如下方式进行：胃癌患者先进行基因 *X* 突变筛选，阳性者被分成两组：一组服用药物，另一组服用安慰剂。另一组基因 *X* 没有突变的胃癌患者也被分成两组：同样是一组服用药物，另一组服用安慰剂。这里要有个条件，那就是所有参与实验的人都必须是胃癌患者，而且疾病的严重程度一样。结果通过平均寿命来体现：

	胃癌病人的平均寿命期望值	
	基因 X 突变者	基因 X 未突变者
药物	24 个月	6 个月
安慰剂	6 个月	6 个月

数据显示，这种药物确实可以延长基因 X 突变患者的寿命，但对于没有此特殊基因标示的患者无效。因为基因 X 突变者非常罕见，如果实验不是专门对这类患者设计的话，那么得出的数据就是不完整的。

通过这个例子可以看出研究对象的选择在很大程度上影响实验结果。另外，选用特殊人群来研究会得到普遍性研究得不到的信息。关于客体的信息越多（例如胃癌患者可以通过特殊的分子标记分成不同的类型），科学家能够集中的重点就越突出。

在一个“分子标记的药物疗法是否对乳腺癌有效”的真实例子里，科学家发现体内表达雌激素受体的癌症患者对抗激素治疗有明显的反应。而不表达者则没有在此疗法中受益。甚至，还有一种激素受体也与此相关：孕酮受体。研究表明，同时表达雌激素受体和孕酮受体的患者对于抗激素疗法的反应要强于仅表达其中一种抗体的患者。因此，利用这些标记物，乳腺癌患者被分为如下几大类：

分类	雌激素受体	孕酮受体
Ⅰ	(－)	(－)
Ⅱ	(＋)	(－)
Ⅲ	(＋)	(＋)

在过去，乳腺癌的研究往往都集中在全部患者群中，如今，依靠激素标记物的帮助，患者得以被分类研究，以找出更适合的疗法，即便是数据显示这些疗法对于大多数人无效。可以想象，随着新的标记物的发现，最终这些类别还将更详细地再分类。例如，假设发现基因 Y 也是一种阳性标记物，但仅存在于孕酮受体，这样就会得到下面的分类：

分类	雌激素受体	孕酮受体	基因 Y
Ⅰ	(－)	(－)	不相关
Ⅱ	(＋)	(－)	不相关
Ⅲ	(＋)	(＋)	(－)
Ⅳ	(＋)	(＋)	(＋)
Ⅴ	(－)	(＋)	(＋)

注意，只有数据显示确实有疗效时，“雌激素（－），孕酮激素（＋）”组才会被描述；先前的研究表明，研究的第一要求就是雌激素（－）。

这个例子表明，不断增长的信息改变着研究对象的选择。重点放在具有特殊性质的研究对象方面，可以使科学家获得在“普遍研究”或者在其他研究对象组中无法得到的数据。

特殊研究对象类型的对照和研究的随机性

在上面的例子里，得到了研究基因 *X* 突变的胃癌患者对某抗癌药物的反应数据，安慰剂对照组同样也获得了基因 *X* 突变且处于相同疾病分级的胃癌患者的数据。注意对照组的相关图形都要与实验组契合；两组患者都要有相同级别的胃癌，并且都发生了基因 *X* 突变。这些共同特性被认为是不同于最初的两个组（一组服用药物，一组服用安慰剂）的“筛选标准”。

只要“标准”确定了，并在实验组和对照组中平行使用，科学家就可以去除那些可能影响研究的个体差异性的数据信息了。

随机分配研究对象

筛选完成后，科学家如何决定谁来接受实验试剂，谁来作为阴性对照呢？答案是：选择不是由科学家完成的：研究对象必须要“随机”分到各组中去。

“随机分配”指的是科学家不能够选择和决定谁被分到哪个组中去研究。例如，一个符合研究要求的 20 人的小组被筛选出来，于是每个参与者通过电脑获得一个随机序号。选择者通过序号来决定研究对象服用药物还是安慰剂，但他并不知道哪个序号代表了谁。进一步，药瓶也要统一密封，使得服用药物的人也不知道谁得到的是哪种药。

这一过程意味着参与实验的科学家和参加试验的研究对象对于如何分组都是“看不到”的。这就是所谓的“双盲法”研究。我们把患者因某种特质被筛选出来并被随机分组的过程总结如下：

1. 利用特殊的性质选择研究对象。
2. 一旦被选中，研究对象就要被随机分为实验组和对照组。
3. 检测药效的研究员和研究对象都不知道谁接受了哪种药物。

被筛出来的研究对象随机分配，能够帮助研究者避免将特殊的研究对象分配到同一组。此外，随机分配也防止研究对象因采取了特殊给药方式而产生意见。

人们可能会问：为什么随机分配会包含在研究对象对照这一章呢？令科学家和研究对象对照双盲的过程同时也就是研究对象对照和实验员对照过程。就如上面提到的，当实验标准建立以后，实验就要进行时，研究对象和研究者对各个实验组了解得越少，那么每个组表现异常或者被区别对待的概率就越小。因此，对照对象有更大的概率表现为“真正的对照”，因为他们是除了 X 以外是完全相同的，X 是唯一引起变动的参数（在本例中是药物）。

将研究对象配对/使研究对象相配

在一些研究中，使对照组和实验组的研究对象完全相配是非常重要的。在实验结果的变动性非常大的时候尤其重要。

研究对象需要相配这一背景在动物实验中明显存在。如果研究对象仅是一只小鼠，明显它就不能够再成为空白对照了。另外，在小鼠的研究中在实验操作者不提示的情况下，科学家要分清楚各组小鼠的情况。例如，假设进行一个研究力量的动物实验，科学家想要找到问题“合成代谢类固醇（anabolic steroid）会增强力量吗”的答案。为了回答这一问题，科学家需要测量基础力量值，并将动物分组。实验组饲喂用生理盐水溶解的合成代谢类固醇，对照组饲喂生理盐水。

测量出基础力量值后，科学家发现不同实验动物之间基础力量值有很大差异，就算在同一性别中也一样。因此，为了保证两组动物在相同范围内且能够代表力量的变化，科学家将相似的动物分到不同的组内。比如说，有 20 个动物拥有如下基础力量值（用任意单位表示）：9，11，14，15，17，19，20，20.5，24，24，24，27，29，31，32，32，32，40，40 和 39。很明显，力量差距很大，从 9 到 40 都有。如果动物是随机分组的，则有可能发生一组动物的平均力量值远大于另一组的情况。因此，科学家将动物组合成：

合成代谢类固醇组	9	14	17	19	24	24	31	32	40	40
生理盐水组	11	15	20	20.5	24	29	27	32	32	39

由于缺乏随机性，这种研究存在很大问题，就是进行实验的科学家对于具体研究对象接受药物实际是完全不知道的。另外，紧密契合的动物组可以使科学家对于组间差异更加无知（和分组相比，按照体型大小和力量强弱来分组会更好。例如，科学家会发现，生理盐水组的动物总体来说力量更大些）。

在这一实验设计中，相配的动物内部巨大的差异性降低了所需要的数据量。如果能够有效避免科学家自身的偏见，这一实验设计是可行的。

变　量

发展遗传学“模型系统”是为了给科学家在研究异种群体时遭遇独立变量的

情况下提供对照用的。这种模型系统的发展史可以追溯到利用豌豆品系分析形状和颜色的遗传特性的科学家格雷戈·孟德尔。孟德尔提出了“基因”的概念——一种包含控制某一特定遗传性物质的因子。

基于这一工作，科学家几十年前就意识到，拥有个体特性完全一致的小鼠品系①有多么重要。可以使科学家仅仅改变它们的某一基因，而其他所有都一致（并因此可以作为对照）所产生的不同效果进行研究。于是遗传学家开始建立小鼠品系的努力。在 DNA 方法很不成熟的时候，科学家就已经意识到基因突变是从小鼠品系中获得新个体的方法，并且拥有这种突变的个体可以通过繁殖而成为新的品系。

除了小鼠，人们意识到还有别的生物体可以和人类的情况相关，于是果蝇、线虫、斑马鱼，甚至低级的单细胞的酿酒酵母也成为了遗传学研究对象。当然，不是所有的发现都与人类的生物模式相关。而从实用角度考虑，与人类相关才是进行研究的原因。

现在的实验可以得到更多更复杂的遗传学动物模型。例如，为了了解某特定基因的作用，可以设计沉默了该基因的小鼠。这种基因改变了的小鼠被称为一个特殊的“品系”，也就是说，小鼠的一个子集。如前所述，这些基因沉默的动物叫作“基因敲除动物”，因为人们感兴趣的基因被从基因组移走，也就是“敲除”了。利用这种小鼠，科学家可以更大程度上控制那些在典型动物群中会出现的基因突变，现在科学家可以从一个品系着手，让突变发生在特定的位点，以抵抗可能因意外造成的多处突变。

比如为了研究胰岛素受（insulin receptor，IR）的功能，在受精卵上特异性敲除了特定的基因，从这只受精卵发育而来的小鼠将会获得一个拷贝（等位基因②上 *IR* 的缺失③。然后这个杂合的 $IR^{+/-}$④小鼠与自己的同胞⑤近交而产生的后代将有可能是 *IR* 完全缺失的个体，即胰岛素受体敲除型（$IR^{-/-}$）。需要再次

---

① 根据 Jackson 实验室，“品系”就是同窝小鼠近交产生后代，这样连续 20 代或以上，即这一品系中的个体在 20 或更多代上面的祖先是相同的一对。这样，算下来每个个体的基因组平均仅有 0.01 是杂合的（除去一些遗传漂变），所以可以被认为在遗传学上完全一致。近交系必须是持续的兄弟姐妹近交的结果。（见 http://www.informatics.jax.org/mgihome/nomen/strains.shtml#inbred_strains）

② 等位基因是指可以编码一个特定遗传特性的一段 DNA 序列。

③ 几乎在所有真核细胞中，每个染色体都有两个拷贝，因此每个基因都有两个拷贝。减数分裂的细胞是例外，它们仅拥有一个拷贝的染色体。另外，在男性的每个体细胞中，性染色体（*X* 和 *Y* 染色体）都仅有一个拷贝，而女性则拥有两个 *X* 染色体，没有 *Y* 染色体；然而，其中一个 *X* 染色体是失活的，也就是说，在女性中，也是仅有一个 *X* 染色体在发挥作用。

④ 这个术语提到了这一基因的两个拷贝。$IR^{-/-}$ 是指两个拷贝都是沉默（—）的。与之相反，正常的动物是两个 *IR* 都是显性的，也就是 $IR^{+/+}$。

⑤ 也就是说，同窝出生的兄弟姐妹。

申明的是，进行敲除 IR 的品系，除了 IR 的区别（$IR^{+/-}$ 和 $IR^{-/-}$）之外其他一切基因都完全相同。因此，当科学家研究 $IR^{-/-}$ 动物时，阴性对照就是同一品系里的“野生型”也就是 $IR^{+/+}$ 型。为了建立更强的阴性对照，科学家经常利用杂合的 $IR^{+/-}$ 小鼠来产生基因敲除动物，因为在这种交配下产生的后代将分为“敲除动物”（$IR^{-/-}$）、正常动物（$IR^{+/+}$）和杂合动物（$IR^{+/-}$）。因此，通过一次交配，科学家可以得到同窝里的正常基因型的阴性对照，也就是年龄和生长条件都完全一致的对照。

推广从遗传学品系中得到的结果

利用 $IR^{-/-}$ 小鼠得到的研究结果可以用来了解 IR 在维持葡萄糖水平时所起到的作用。一些科学家在多种条件下研究了多年，得到一个基于巨大数据量的关于 IR 在诸如糖尿病等疾病中的作用的模型。

在这些研究完成后，人们需要去问这个动物模型和人类甚至其他品系小鼠的关系。虽然在绝大多数动物研究中的发现都最终在多样化的人群中发现同样存在，但仍有很多发现可能仅存在于这种特定的小鼠品系之中。

从这个例子中，我们发现遗传特异的小鼠品系给研究带来了好处，也带来了失去能够改变特殊基因突变的坏处。换句话说，那些在群体水平中有明显意义的基因突变，在我们的单一遗传特性的品系小鼠中没有体现出来。因此，我们从单一遗传特性的研究对象中（在本例中是小鼠）研究得到的东西可以说明“在特定环境下特定基因的作用”，而群体水平会有什么样的结果仍需要研究。因此，我们不能够贬低近交系动物对于研究的重大作用。没有这些资源，目的基因将非常难以研究。

从特定的近交系获得的结果有什么特殊之处呢，从另一确定品系建立敲除特定基因的动物并让得到的杂合子代回交，直到敲除的基因可以被认为成为了该品系的遗传学背景①。这样的杂交通常是为了验证：在某一品系中发现的表现型是否也会出现在将相同基因突变掉以后的另一个品系中。

非人类动物作为人类的模型

当然，从小鼠中得到的结果还有更多的疑问，尤其是小鼠是否可以当作人类

---

① 遗传学背景是指一个动物的基因组成。不同的品系在一些 DNA 区域上是不同的。在不同的背景下，有些基因的行为是不同的。举例说，在一个品系中，某个基因 A 的活性可以被另一基因 B 抵消，然而在另一品系中，基因 B 的表达可能无法高到可以抵消基因 A 活性的程度。

的替代品来研究：科学家不停地确认在替代品中得到的发现是否可以应用到人类身上。读者或许想知道，既然有这样的要求，为什么实验不都在人身上做呢？这是由于科学家在伦理上和实际上都不可能在人身上进行小鼠①以及像果蝇和酵母那样的生物体的身上进行的那些实验。因为，这些真核生物确实经常成为精准的替代品——也就是说某基因在小鼠中的作用往往在人类中也是如此②。需要申明的是，尽管动物模型对研究一个特定基因很有用，但在动物模型中得到的发现还是要在人类研究对象中表现出来才行。

人类来作人类的“模型”

就像人们会反对在没有确认实验的情况下就将小鼠的研究结果应用到人身上一样，人们同样会反对从特殊人群中得到的结果应用到整个人群。同样，在这个例子中，科学家需要非常小心地证明自己的主张。这也是为什么需要重复实验的另一原因。当实验重复进行的时候，科学家可以认为第二次实验是第一次的对照，也可以说重复实验验证了第一次实验的结果是否适用于第二次实验。在将实验结果泛化的时候还有一些需要特别注意的地方，主要需要注意在特定背景下改变研究对象的选择。并不难发现，从男性研究对象中得到的结论往往不能够应用于女性。另外的例子是，年龄大的人对药物的反应总是比年轻人更敏感。因此医师在给老年人药物的时候需要重新测量最佳给药量。甚至种族的差异也会影响实验结果。最近的研究才发现，某些种族更容易患某种疾病。

很明显，性别、年龄、种族这些特性都会影响研究结果，因此这些特性在挑选和随机分配研究对象的过程中是需要注意的“独立变量”。

在人群中建立遗传筛选

从小鼠以及其他动物（果蝇、线虫甚至酵母）近交系得到的突破性进展，使科学家特别想在人群中得到同样的结果。科学家需要同类群体是为了让遗传材料

---

① 动物研究的伦理问题不属于本书涉及的范畴，但仍要提到的是，即便是以啮齿动物作模型，科学家仍是受到严格的限制的。当进行动物研究时，科学家需要的中心问题包括：“在动物身上进行研究有必要吗？”“是否采取措施尽量减小疼痛？”“这一实验是否可能得到有效的知识？”当然，有些人认为没有标准可以评判在小鼠上进行的实验。我需要礼貌地表示不同意，但这一争论并不是现在所讨论的重点。显而易见的是，科学家对于研究对象的选择是要受到伦理约束的。

② 这也有例外。比如一些小鼠和人之间有巨大差别的基因家族。另外，需要指出的是，简单地一个一个比对小鼠和人的基因组就能够发现各种各样体态相关的基因，这些基因足以造成人和小鼠之间巨大的差别。单细胞有机体，如酵母和人的差别就更大了。但人们可能对于这些不同种生物的细胞之间的相似之处感到惊讶。

（而非基因）一致。在这些人群中，某特定遗传特性（如易患糖尿病）可能源于某基因的突变，这一突变可以通过易感人群与健康人群的DNA（健康人的DNA通常十分相似）进行比对而检测出来。

这种遗传学研究越来越频繁了，目的是为了发现“SNP”（单核苷酸多态性）也就是一些能够导致表现型改变的DNA组成单元的改变。就像人们会怀疑的那样，当比较相似的人群的时候会发现大量这种改变，要证明这些改变是造成表型改变的原因是非常困难的。这也就是为什么要研究基因相似的人群。个体间越相似，科学家利用SNP来决定它是否与某种形状相关的准确度越高。一旦这种关系确定了，科学家就可以进一步来检测这种改变是否是“原因”。例如，将一个相似的突变插入到小鼠基因组上，比较突变小鼠和同窝的未突变小鼠。

寻找遗传上独立的变量

科学家可以通过提出问题来直接对付研究对象间的独立变量问题：“有没有其他基因的改变也能够引起基因 *X* 突变所造成的那种表现型变化?”寻找这些基因的一个办法是做一个“遗传互补”筛选。如果基因 *A* 的表达可以替代基因 *B* 的作用或者改善由于基因 *B* 沉默所产生的表现型后果，那么 *A* 就是 *B* 的互补基因。例如，如果进行 *IR* 的互补筛选，科学家可以诱变 *IR* 沉默的小鼠，来检测其他基因的改变是否会使去除 *IR* 所产生的表型获得恢复。将同样的诱变方法应用到另一个品系中，来检测其他基因的诱变是否使去除 *IR* 所产生的表型更加明显。从这种筛选中得到的各个基因为糖尿病等疾病（在这些病中的统一特征是都不存在 *IR*）提供了一定的背景。这些 *IR* 相关基因的表达接下来可以被筛选或选用新的研究对象来作研究。

排除研究对象的影响的可能性以及这种冒险是否值得

有时候，为了建立“完美”的实验背景（除了需要，没有任何变量）所作出的努力往往会掩饰一些重大的问题。假设一个科学家正在研究一种抗抑郁药物。为了保证研究对象处于一个严格控制的环境内，他们在研究过程中都要被限制在医院内。在这个实验设计中，科学家发现服用抗抑郁药物的患者和服用安慰剂的患者没有什么区别。然而，当这一实验允许研究对象生活在自己空间中，就发现那些每天至少在阳光下待一个小时的患者在服用药物后“完全康复”了。那些试图将所有独立变量排除的科学家错过了阳光诱导维生素D合成和抗抑郁药物的协同作用。

这个例子帮助我们明白另一个问题：“有代表性”在什么情况下是重要的。

如果药物是为了在日常生活中帮助人们，那么提高研究量和增加数据分析就很有必要了，因为研究要有普遍意义。如果研究群体足够大，个体间那些不可避免的差异就可以在控制范围内了解，随着群体范围的增加，每组中含有相关变量的代表的可能性就大大增加了，更可能检测出那些无法预期但仍然相关的情况。

对于变化做出告诫并不困难，如果能够限制看不到的变量，科学会做得更有成效些。因此，错过偶然发现来确保实验不会被可能造成错误结论的变量影响是值得的。

细胞作为动物的替代物：简化对照的需求

之前用过的最多的实验实例都是以人类或者动物作研究对象的。但是在实验室中，研究对象要小得多。比起在一个复杂的多细胞有机体中研究问题，单细胞更适合作研究群体。证明这种选择并不困难：遗传学鉴定的单一细胞系容易获得，并在高度规范的条件下饲养。研究超过1000个人或者动物是非常困难的，而在组织培养实验中，上百万的细胞都可以被研究。如果需要其他的改变，细胞系也很容易获得需要的变化，并且还能有未被处理的细胞可以作对照[①]。因此，在细胞系中获得可重复性的实验数据要比在人群中容易得多。

通常情况是，使用细胞作研究对象的所拥有的优点也正是它的缺点。细胞相当地简单，它离开了体内的所有刺激使得在细胞系中得到的发现可能不能再还原到有机体内的“自然状态”。因此，科学家在做出从细胞系到有机体的推断时要额外小心。为了避免做出推断，细胞系得到的发现可以作为提出“它是否在动物体内具有同样效果”这一问题的理由。

“简化对照”是什么样的？当进行一个实验时，一定要记住研究有代表性的事物。因此，科学家就要问从一个细胞系中得到的结论是否适用于另一个细胞系。比如说如果有10个不同的成纤维细胞系，这些就很容易地用于检测所观察到的影响在相似的细胞系中是否普遍。然后，科学家可以检测这些影响是否会在不同的细胞系中出现以及在多种情况下出现。

下面是一个关于研究条件的例子，拥有相关基因的细胞系对氧含量敏感。多年来，细胞总是在外界空气含氧量一致的培养箱中培养。最终有人意识到，多数细胞的生存环境也就是体内的含氧量是远远低于空气含氧量的。从此，细胞就被培养在限制氧含量的特殊培养小室中了，这样就发现了一种氧敏感的系统被激活

---

① 在研究动物的时候，成千上万的细胞也是研究对象。挑战在于在动物体内很难将每个细胞单独研究。然而在组织培养中，只要愿意，就可以利用荧光激活细胞分选仪（fluorescent-activated cell sorter，FACS）或者什么别的仪器挨个研究细胞。

了。这种系统在正常细胞培养中是“关闭”的。如果实验结果被影响了，说明组织培养得到的结果恐怕不是研究对象在动物体内的工作方式。这个故事说明，如果细胞研究不是为了得到体现在有机体内运行的模型，就需要通过证明“模型的特性”在动物体内与研究情况一致来验证模型的可行性。

体外分子系统作为细胞的替代品：建立进一步的简化对照

到目前为止大量的研究是通过分离的分子研究而发现的。有时候这种分离是很“完美”的，比如将某种蛋白质提取出来，尽量分离纯化去除杂蛋白来获得结晶。结晶后的蛋白质就可以用于以 Å 为单位分析分子结构。第二个例子是关于酶的，酶系统可以在小指管中建立，从而进行特定的测量。科学家可能会对酶的活性，底物浓度如何影响酶活，以及酶是否在演化感兴趣。

在分离细胞的例子中，研究分离的分子的好处不会使科学家忘记这些研究需要放在细胞背景中确认——研究的目的是检验分子是否在自己通常的环境中发生作用的。而在试管中建立具有代表性的环境更加困难。这些类型的实验（所谓的“体外实验”）是为了获得这种分子在各种不同环境中的作用和能力。一旦科学家了解到这种分子拥有哪些范围内的功能，就可以对于它在自然环境中的功能提出疑问了。

回到第 10 章那个限制性内切核酸酶的例子。最终，科学家要到酶所在的细菌内来检验分离的分子与它在自己本来所在的位置的情况是否一致。同样，就如前面提到的，有时候研究背景并不是模拟自然环境。限制性内切核酸酶是切割 DNA 的极好工具，合成出来就是为了在试管中发挥作用。使用它的科学家不需要追究它在某特殊菌中具有其他活性。因此，简化对照（以及特定实验的模型系统）需要与特定的问题吻合。

16 假定对照

我们通过实验来确定阿司匹林是否能够缓解头痛。在实验中，我们使用某一剂量的阿司匹林后发现，接受了阿司匹林治疗的人比接受安慰剂的人疼痛得到了缓解。这个结果在不同个体的重复实验中得到了确认。接着，其他实验组使用了阿司匹林：这些人不同于前两组研究对象的标准。然后，我们发现阿司匹林在这些人中也起到了缓解疼痛的作用。但是现在有一个关于头痛的问题。让我们回过头来看那些参与实验的人，在某些严重头痛的人中逐渐增加阿司匹林的剂量，并未发现副作用。有人认为“如果少剂量阿司匹林是有效的，那么更多的话会有更大的效果”，因此就使用被推荐剂量的10倍来治疗头痛。但是这个剂量导致了患者的胃出血，进而使得患者死亡。

这个患者死于一个不正确的假设——功效和剂量是成正比的。在药理学中，我们很容易找到一些有关药物不恰当的使用有造成潜在致命危险的例子。这个简单的例子提出不正确的使用药物的问题，从一个系统建立一个模型进而得出一个假设，这个假设在不同的系统中可能是不正确的。假定对照就是将这种无根据的假设转变为一个问题，我们通过实验来验证这个问题。

设计对照以消除实验问题中的假定成分

重新回到前几章的问题：“咖啡因对于血压有什么作用？”实验者通过咖啡因处理咖啡的方法使咖啡因被研究对象吸收，因此在这个实验中假定了咖啡中的其他成分不会对咖啡因的作用产生影响。一种对照即“非X”阴性对照已经在前面介绍过了。对于阴性对照，科学家使用去掉咖啡因的咖啡来观察是否研究对象血压会比喝含有咖啡因的咖啡的人血压升高，这样就可以说明咖啡因是造成血压变化的原因。但是，“非X”阴性对照不是仅有的一种假定对照。在现在的例子中，科学家想直接检测咖啡因是否使血压升高。

你可能会问为什么咖啡因在前面提到的环境下不能直接检测呢？由于很多因素的存在，科学家不能做这种直接检测的实验，例如，纯的试剂比较昂贵或者不容易获得。对于咖啡因的研究，研究者可以很容易地使参与实验的人们在自己的常规生活中饮用含有或者不含有咖啡因的咖啡，并获得大量样本。因此，实验者可能会理所当然地认为研究成千上万的人的优点要远远大于使用替代药物，尤其在“非X”阴性对照被用作咖啡中其他成分的对照时。在一部分人中用纯的咖啡因作为假定对照为实验提供了有价值的证据。例如，我们可以想象科学家重新做这个实验，如果 100 个人喝了纯的咖啡因但没有出现和喝了含有咖啡因的咖啡的人的相同症状，那么科学家只能放弃咖啡因使血压升高的推论了。另一方面，如果喝了纯咖啡因的实验组得到的反应与喝了含咖啡因的咖啡实验组相同，那么科学家对这个推论就有了重要的实验数据。这些都说明了“X 且仅 X”是非常重要的。

我们还要强调一下纯咖啡因实验组不仅仅是阳性对照组，阳性对照可以用来检测系统是否有效。在我们的实验中，需要检测的是咖啡因，甚至在实例中含咖啡因的咖啡都是被控制的。科学家并不知道实验的进一步结果是什么，是否咖啡因会使血压升高，因此提出了问题。这就是为什么咖啡因不能作为阳性对照而只是一个假定对照的原因。

假定对照避免了不恰当的推论

我们假定科学家准备研究一个细胞信号通路。例如，已经发现以下的蛋白质信号之间存在一个线性关系：PI3K、Akt、mTOR、p70S6K[①]。也就是说，PI3K 的激活导致 Akt 的激活；Akt 的激活使得 mTOR 被诱导，mTOR 的激活又使得 p70S6K 激活。这个通路可以表示为 PI3K/Akt/mTOR/p70S6K。

接着，我们假设科学家发现 mTOR 的激活可以刺激其他蛋白质即 ProteinX。PI3K 和 Akt 可以导致 mTOR 的激活，因此可以将 Protein X 加入信号通路中：

PI3K/Akt/mTOR/Protein X

尽管看起来这是符合逻辑的，但是科学家必须证明这个假设是正确的，即是否 PI3K 和 Akt 可以导致 Protein X 的激活，为什么必须做假定对照呢？如果这只是一个数学上的相等关系或者是逻辑上的推理关系的话，我们可以说如果 A 可以推出 B，B 可以推出 C，那么 A 可以推出 C。这在数学和逻辑上是正确的。但是，生物学不是数学，存在很多如果 A 可以推出 B，B 可以推出 C，但 A 推不出 C 的例子。例如，A 在激活 C 的抑制剂的同时激活了 B。因此，在信号通路中，A 激活了 B，没有激活 C，但是如果 B 通过其他信号通路被激活，那么 B 可以激活 C（图 1）。正是由于生物学的复杂性，假定对照在生物学的各个方面就很必要了。信号通路不是单单的线性关系而更趋向于信号网络，因为各种蛋白质

---

① 简单来说，“A 活化 B，B 活化 C，而 C 的活化是 D 所必需的”。在这个例子中所涉及的蛋白质的详细信息无关紧要。选取这个具体的信号通路是因为其中所涉及的蛋白质是大家比较熟悉的，这只是为了将这个例子阐述得更清楚。

之间存在交叉或者相反的调节机制。例如，图 2 所显示的信号通路，这是一个骨骼肌纤维细胞中的细胞信号转导通路。骨骼肌与其他组织不同，存在一个抑制过程即 Akt 抑制 Raf。这个过程阻止了 Ras 激活 Erk，不论 Ras/Raf/Mek/Erk 通路是否可行，在骨骼肌中激活 Ras/Raf/Mek/Erk 通路的同时 Ras 激活了 PI3K/Akt 通路，使得 Raf 激活导致了 Erk 的失活（图 2）。信号转导中这种交叉调节证明了假定对照在研究信号转导中的重要性，如果科学家仅仅知道 Ras 激活了，那一般都会推断 Ras 的激活会导致 Erk 的激活。但是，我们可以从假定的对照中发现在骨骼肌中 Akt 抑制 Raf。

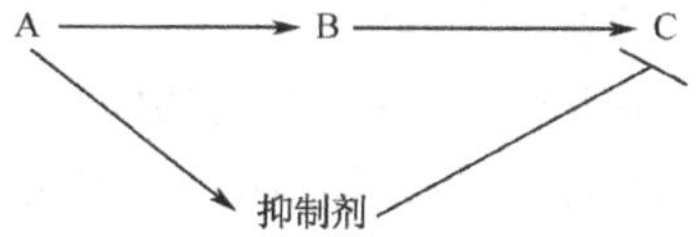

图 1　一个简单的信号网络模型。A 可以激活或抑制 C，说明了我们是需要假定对照的。

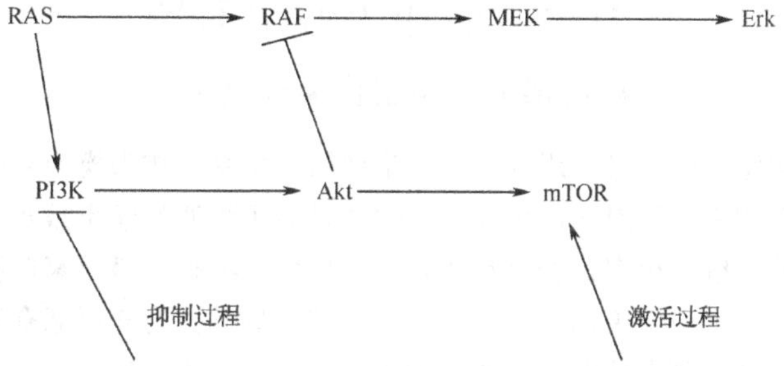

图 2　在骨骼肌中 RAS 参与的传导通路。

假定对照可以确定实验的建立是否具有代表性：以组织特异性为例

以上有关只有在骨骼肌和一些其他的组织中 Akt 抑制 Raf 的例子说明我们需要另外一种对照，它可以广泛地作为“实验设置”的一个对照。

在研究细胞信号时，科学家可能会问是否一种特殊的细胞可以代表其他种类的细胞。这个概念在第 15 章条件对照中提到过，这个问题强调科学家是否应该决定细胞是否具有代表性，重点是科学家想要知道是否细胞在代表性问题中是具有象征性意义的。但是，在这一章中，问题被重新提出，如果结果在这个细胞中是具有代表性的，那么仍然不能证明它在其他细胞中具有代表性，根据问题涉及的广度[1]，其他的组织仍需要进行验证。

当研究指定所研究人群的时候，条件/假定问题被重新提出。我们可以根据研究需要将性别作为假定对照，在设计实验中男性和女性可以在同样的条件下去回答某一个问题。一些研究可以是没有性别或是种族差异的，例如咖啡因的研究，咖啡因可以使白种人或者非白种人血压升高。但是，假定对照的建立是用来回答下面基础性的问题：

1. 哪种情况下，效果是真实的？
   a. 是否有其他的因素可以阻碍作用的发挥？
   b. 效果对于每一个人都适用吗？
2. 实验中设立的模型是否与问题中所研究的内容一致？

第二个问题已经在前面讨论过了，咖啡作为一种替代来回答关于咖啡因的问题。科学家必须决定在实验中的假定问题，是否这些问题可以作为对照，最终解决问题。

简化对照作为假定对照

经选择的实验组作为简化模型

在生物实验室中，最常用的方法就是使用缩影系统作为模型来研究复杂的问题。我们在介绍完条件对照后再介绍简化法是为了强调科学家需要更有效的模型来研究复杂的系统，决定是否具有代表性的模型。但是，科学家在设计了假定对照后必需进一步的研究来确定这个简化系统的正确性。这样可能有助于检验不同类型的简化模型并且强调假定对照有利于系统的进一步验证。

首先，我们回到前面所做的一组实验的系统中。在这类系统中，首先通过以下的方式简单地定义“典型”，那就是对一个群体进行评估所得的模型是否可以预见研究对象所在的另一个群体将要发生的事情。为了保证实验的重复性，第二组研究对象的挑选标准必须与第一组相同。但是，科学家做完了重复实验后，使用同样标准的实验组后确定了实验模型的正确性，就想进一步了解是否研究其他与之前标准不同的实验组仍然能确定实验模型的正确性。

在研究人类的实验中，科学家想了解一种抗癌药是否对于任何人都有益处，无论他是否符合之前的实验所要求的特征。例如，实验者可能包括那些濒临死亡

---

① 这里提出的问题是一种细胞，比如成纤维细胞，是不是作为所有细胞的“代表”来进行研究的。在早期的细胞培养实验中，由于成纤维细胞比较容易获得并且也容易操作，似乎绝大多数发表的实验结果都是以某些成纤维细胞系为模型得到的。直到后来随着对其他类型细胞的研究，人们才开始注意到并不是所有细胞都以同样的方式应答某种刺激，也不是所有细胞中都存在同一种信号网络。

的人，因为炎症可能使药物潜在的治疗效果掩盖。但是，一旦我们知道这些药对病情较轻的患者有功效，那么我们将有兴趣去研究是否在病情较重的患者身上也有相同的效用。大多数人会主张在这种交叉试验中该药物的功效是不会失去的，先前验证的该药物的功效为以后的研究提供了基本原理。但是，有很多原因使得这种方法弊大于利，例如，患者在进一步的研究中已经死亡。这里的关键因素是癌症晚期患者与癌症早期患者相比有很多不同之处，例如，患者对待疾病的态度，以及肿瘤是如何发展的。这些不同时期癌症的区别可以被看作具有不同的代表性。科学家正在探索一种研究方法去了解在各种各样的状态下个体之间的差异以及是否这种差异可以按照相同的模型研究。因此，在这个例子中需要一组癌症晚期的研究对象作为假定对照。这样，科学家就可以准确地说明这种药是否在癌症早期和癌症晚期患者身上同样有效。

药物剂量的选择是假定对照选择的难点

我们从另一个实验来说明这个问题，重新回到本章开始的那个实验：我们通过实验来研究是否阿司匹林可以缓解头痛。患者使用某一剂量的阿司匹林对于病痛是有缓解作用的，但是之后由于过量使用阿司匹林而导致死亡，这表明错误的数据使情况发生了变化。

阿司匹林的例子帮助我们认识到当我们试着使用一个假定的对照时会存在的问题。在实验中，药物的剂量作为一个变量可以改变实验的结果。当把实验数据用到其他的状态下的时候，我们在实验前会对假定进行质疑，逐字地询问实验系统的问题，以便确定是否实验模型在新的情况下依然适用。这样，科学家就会失去“简便”的做法——在限制性的环境下即特殊状态下进行实验。

药物的相互作用是假定实验的另一个例子。药物 A 和药物 B 对于治疗癌症都是有效的，但是同时使用药物 A 和 B 时的药效低于分别使用药物 A 或药物 B。这个例子中可以看出“如果两个事物对于某件事是分别有效的，那么同时使用对于这件事也是有效的”这个假定是存在问题的，同样的“如果在 A 情况下，事件是正确的，那么在 B 情况下同样是正确的”假定也是存在问题的。在药物相互作用的情况下，我们更需要去研究是否在使用药物 A 的情况下使用了其他药物，因为研究过程中实验的设计要求研究药物时不能使用其他的药物，防止使实验中存在更多的变量而使实验复杂。尽管排除其他药物的作用是一个有效的实验设计，但是医师们想要知道是否新药可以用在以前治疗过的患者身上。因此是否药物在结合其他药物的同时起功效就变成了一个研究的课题，因为科学家和医生们已经认识到简单的假定存在问题，综合治疗的正确性没有实验程序的证明。

我们可以明显地感觉到在实验中找出所有潜在的可能影响 X 真实性的变量

是非常困难的。没有一个快捷的实验方法可以帮助我们，因此，需要额外的实验去证明 X 的真实性。但是，我们可以利用实验去证明一个相关的变量 Y 可以影响我们所研究的 X：这些因素的建立可以使 X 不再正确。换句话说，如果科学家通过实验确定阿司匹林可以缓解疼痛，但是在一个新建立的系统中发现不是这样的，这个新建立的系统就要进行进一步的研究是哪个因素的改变干扰了阿司匹林的功能。因此，我们可以通过建立模型来预测结果，如果模型在一个特定的条件下没有得到预测结果，那么这个模型可以帮助科学家了解问题出在哪里。

动物模型的建立

现在我们考虑在如小鼠或大鼠这些动物中建立模型研究人类。有人可能会问为什么建立这样一个模型？为什么不能利用简单的观察研究小鼠对于特殊环境的反应？尽管这样的研究是可能的，但是却没有理解本章中讨论的假定的意义。研究确定影响 Q 在小鼠中的功效是否与在人类中的功效一致，这里没有其他的复杂性，小鼠的选择是具有代表性的。但是，一旦实验最初在小鼠中开始，科学家必须建立一个假定的对照确定利用小鼠作为模型的合理性。

我们已知的蛋白质中还没有在啮齿类和人类中完全不同的例子。白细胞介素配体家族在物种之间有很大差异，在人类中的白细胞介素可能不能激活小鼠或大鼠中同类蛋白的受体。在这种家族的分子中，有些证据证明这些分子的功能在物种之间存在差异。在小鼠中存在的 G 蛋白偶联受体，在人体内却没有，同时有些相同的受体在两个物种中具有不同的功能。第三个例子有关物种差异，有数据提到是否人类还保留有外激素系统的残留功能，外激素系统是动物分泌的一种与配偶联系的化学物质。因此，我们在小鼠中研究这个系统就可能与人类研究不符。

对于这个问题的回答很简单：需要用实验来验证。小鼠作为实验模型的优点是在小鼠身上的研究比在人体上的研究容易得多。例如，小鼠的寿命只有 24 个月，因此有关寿命的研究就比较方便。另外，小鼠的身形大小、生育的有效性以及可控制的生活环境都使得科学家能使用相同条件的个体在严格控制生存环境的情况下进行实验。正因为如此，我们的研究可以在啮齿类系统中得到比在人类系统中更快的进展。是否这种进展在人类中仍然有效，人们在啮齿类动物中做了很多实验来证明这个问题。例如，我们有可能花费几年的时间在小鼠身上阻碍某一个受体从而治愈肿瘤，但是阻碍其他受体达不到相同的功效。这个特定的受体接着可以在人体上研究，使得研究更加有效。

当然，也有人不认为在小鼠体内的实验能预测人体的情况，在啮齿类系统中进一步的实验是多余的并且减慢了我们对人体疾病的了解。但毕竟已有用这种方法在人体成功的实验。至于直接用人体实验可能导致的失败，使我们在最初就进行人体的实验是不可能的，只能从啮齿类动物中获取实验数据，至少在动物系统中的尝试不会失去什么。因此，关键是我们不需要任何假定小鼠和人类是相关的。科学家必须通过进一步的实验证明在人体中是有效的。

假定对照在离体细胞研究中的使用

在第 15 章中提到过，我们可以通过检测从器官中分离出来的细胞而不是检测完整的器官来使实验更加简易。这种方法的优点就是我们可以研究小鼠、大鼠这类动物的细胞，同时我们也可以研究人体细胞，这种在细胞水平上的交叉比较可以帮助我们确定是否各种各样的细胞可以在某个状态下相互替代。例如，科学家在研究是否在小鼠细胞中的白细胞介素信号通路和人体内一样是通过一种白细胞介素/受体的形式作用。像前面提到的，细胞系统上两个物种之间并不是很保守的，所以直接以某种方式比较它们是很必要的，而细胞和分子水平的比较是有可能实现的。因此，科学家可以利用细胞系的优点做一些之前提到过的假定对照的实验，比如在不同物种之间同源蛋白中进行交叉反应的实验。

在啮齿类和酵母中的实验至少说明了这些系统的功能，如果在细胞中可以确定蛋白质的功能，可以不用假定对照而用组织培养的实验就可以证明是正确的。这些是很重要的，也是比较分离细胞与机体作用的主要方面。如果细胞在自然的条件下发生了变化，这些改变就给了科学家一个细胞自控机制的线索，例如其他细胞的影响或是循环生长因子。

体内细胞功能的运行与离体细胞在体内的功能是一致的，例如，细胞的分裂机制，线粒体的作用机制，蛋白质的合成、降解，蛋白质的分泌，脂肪酸的新陈代谢，细胞的迁移，形态的改变等。不同的是当与其他类型的细胞接触或是有血管系统分泌的不同的激素刺激时细胞的反应不尽相同，离体细胞对于这些复杂的相互作用的反应消失了。因此，细胞培养模型的局限性是很明显的，离体细胞做实验模型与体内细胞存在不同之处。

研究药物敏感性方面的实验中可以看到研究离体细胞的优点和缺点。细菌可以在培养的状态下检测它们对抗生素的敏感性和耐受性。在医院，这是一个标准化的技术来决定治疗某种感染应使用的药物。这种方法是可行的。在体外，抗生素如果能杀死某种细菌的话，这种抗生素对于患者来说同样是有效的。相反，在癌症细胞系中使用化学疗法与在人体的研究是相分离的。这个问题是在某个组织时，癌症细胞可能处于变化之中。另外，在肿瘤中，药物很难作用于每一个癌细胞，但是在培养细胞中就比较容易。最后，肿瘤是由变化多样的细胞组成的，因此存在“代表性”的问题。在细胞培养时被杀死的癌症细胞并不是肿瘤中被标记的所有细胞。

科学家通过组织培养的方法检测是否从细胞中获得的数据可以预测器官中的

变化。这就是假定对照的作用。有人会问："抗生素可以在培养皿中杀死细菌，是否在身体中也有同样的效果?""药物可以杀死癌症细胞，是否在动物体内同样可以治愈肿瘤呢?"

假定对照在分子研究中的作用

当科学家将研究的分子从细胞中分离出来，并在离体的环境中研究这些分子会是什么情况呢？当然，这是依情况而言的。如果只是单纯地研究分子的结构或是在离体状态下的表现，那么就不需要假定对照了。但是，如果实验想要了解分子在不同情况下的表现，如在细胞中的作用，那么科学家就必须证明在离体时得到的有关这个分子的数据与要研究的环境是相关的。

结构学的研究经常是在离体的蛋白质中进行的，尽管偶尔这个蛋白质在复合体中会有明确的伴侣分子。另外，有研究表明，蛋白质的结构会随着蛋白质被激活或被沉默而发生变化。也有更复杂的情况，蛋白质根据所处的环境改变构象——激活蛋白的结构与未激活的蛋白质的结构有很大的不同。这个发现需要证明环境的作用。例如，如果我们想要研究一种酶，药物可以插入酶的活性位点抑制酶的活性，那么科学家就要明确这个酶活性位点的结构。此外，药物一旦被发现可以结合到酶的活性结构，那么接下来就要研究是否在细胞环境中药物依然有功效。在细胞中可能存在其他的蛋白质可以和酶结合，从而使得药物的结合位点被阻碍。

因此我们可以这样说"模型建立得越简单，就越需要假定对照"。无论是人体还是分子，我们都需要通过假定对照来确定我们建立的模型的可行性。

"助手"假定对照

在这里我们还要提到另一种假定对照，这种对照在实验室中很少会用到，但却是很重要的一种对照。这种对照可以区别一个成功的科学的实验设计和一个失败的实验设计。同时，这种对照可以帮助科学家避免人为的不恰当的实验设计。科学家必须设计一个实验模型，同时用完全不同的方法学而不是模型去验证这个模型。

科学家们寻求更多的方法去进行研究，假定对照是第一个被采用的正确的方法学。换句话说就是科学家通过两种完全不同的方法证明同一个问题。

这个问题在实验的重复一章中提到过，但是需要指出的是这里的对照是假定对照。无论试剂是否不同，实验者是否不同，仪器是否不同，用不同的方法进行实验都帮助科学家得出这样一个结论：从实验系统中得到的数据是有效的。

17 实验者对照

——建立客观的观察

科学家也许并不想被认为是实验中的一个变量，但这是事实。科学家从来没有离开过实验系统。Robert Nozick① 曾经提到客观真实的组成，他说，事实必须是从不同的角度（多种方法进行观察）、不同主体（由不同的实验者观察到）、独立（独立的事实必须是不依赖于实验者的信仰、希望、梦想等）的证明。

就像本书中提到的主体间性并不意味着只有大多数观察者证明是正确的才是事实，我们可以很容易地发现很多人说地球是平的或者把黑说成白。主体间性是依赖于客观这个概念的，比如一个人用特殊的方法去证明或者由于某种需要被灌输了 2+2=5，但事实上 2+2=4。主体间性是当太阳升起的时候每个人都看到了太阳的升起，或是当一个人发现了苹果被扔出后掉落到了地面，其他每个人都这样做，发现苹果依然会掉到地面。在后一个例子中，苹果落到地面是不需要观察者施加任何外力的，在本质上，苹果的掉落是重力的作用，而不需要任何观察者的帮助或是某个观察者的信念使得苹果掉落。这就是客观事实的意义——一个本质的特征，脱离了任何添加的因素或信念。就像在本章中反复提到的那样，我们可以通过事实的模型证明未来会发生的客观真实。

是否一个人感受到是事实就是事实呢？牛顿最先定义惯性定律的时候是什么样的情形呢，是否直到其他的人也证实之后，这个定律才是真实的呢？很显然不是，任何人或群体都需要感知和坚信一些事情从而证明其正确性（宇宙在人类毁灭地球后仍然会存在的）②。我们用一种客观的方法观察到一个现象，这个现象需要被多个观察者看到。这就是所谓的主体间性。读者也许还对这个需求存在疑问。毕竟还是有这种可能性：一直以来很多事件都只是被一个人观察到，正是因为所独有的这种感知力，单个的个体才能够观察到这些事件。在那个例子中就是“独有的感知”。主体间性的需求就是如果一个人在一个位置上进行着客观的观察，这个事件必须能够被其他人观察到。如果一个特殊的事件需要只有某些人的独有感知才能观察到，那么其他人也不能确定或者否认这个事件。因此，主体间

① 《恒常：客观世界的基本结构》Robert Nozick（2001），哈佛大学出版社贝尔耐出版部，剑桥，马萨诸塞州。ISBN 0-674-00631-3。

② 读者可能会反驳，这并不是一个禁得住考验的论述。人们可以询问：“宇宙在人类毁灭地球后仍然会存在吗？”并设计实验来从事这一问题的研究。不过，这样特殊的实验仅能进行一次。

性不能用于否认某件事的发生，但是没有主体间性，事件就不能被确认。一个例子是，是否只有一个人可以通过望远镜观察？这样这个人就可以通过这种附加的感知去观察天上的物体而其他的人则不行。主体间性的需求是其他人也可以使用望远镜，并且报告他们通过望远镜看到的物体。但这些依然满足不了读者的要求，重新回到科学家的实验设计，他们确定了实验模型进行实验，以便发现什么会发生。如果一个人对于事实的报告不能得到其他人的同意，那么也就不能说明这个模型对于任何人都起作用。

建立客观性

我们在这里要确定的是实验中哪一步需要客观的观察者，并且怎样才能降低偏离和曲解的概率。我们列出了实验者应该如何去做才能增加对数据的观察和理解的客观性。客观方法的产生可以看作客观事实的确定。在这些例子中，我们为了确定发现的独立性，例如，客观事实不需要信仰或是主观的判断去支持。其中的差别就好像一幅画是否存在（确定的客观事实）以及这幅画是否美丽（一个主观的判断，需要其他观察者的判断）。

开放式问题作为科学家解决问题的对照

本书中反复提到的建议是（一个开放式的问题作为参考的框架）科学家要脱离主观的需要而取得实验的结果。像前面指出的，如果实验是以一个开放式的问题作为框架，任何答案都可能是值得相信的。这个结果可以作为一个证据或者是客观的事实，但是如果他证明了一个模型是事实的话，那么就成功地描绘了将来的情况。因此我们的意思是，模型的正确可以表现重复实验时的结果。

科学家以问题的形式确定实验的框架强调了科学家对于实验结果的忽略。因此我们应该加强实验者对于他们所做实验的忽略。这可以帮助科学家意识到任何的直觉或是猜测是不被数据所支持的。甚至要不时进行一些改变，一些由客观事实从逻辑上推出的结果与客观事实是不同的。因此，即便是最杰出的理论也需要充分的证据，各个方面都被证明是真实的，被许多信仰和偏爱不同的人观察到才是正确的，简单来说，这个理论是在多方面客观上起作用的。

聪明的科学家可能反对这些，因为这些剥夺了对他们的信任，科学家们可以根据敏锐的直觉了解到一些事的运转规律，甚至在实验之前就可以证明事实。但是，对于有这样荣誉和名声的渴望的人，他们需要承认信任是需要慢慢积累的，这样做的唯一途径就是证明这个想法是正确的，即便一些实验的结果与它并不相符。作为一个实验者，这不是一个好的习惯。没有数据支持的理论却是正确的，这在数学上概率是非常小的①。

如果一个理论的产生不能被实验所证明。如果最精彩的理论是构想，它可以解释发生的所有的事情，但是由于确定一个可以预测事件的系统是不可能的，因此不能被证明。这种情况可能超出了本书的研究范围，它超出了我们给出的实验科学的范畴。但是，从前面提到的情形看，事实是不同于虚构的，因为事实可以表现一个将来会发生的事件，我们判断一个事实是否能成为未来的一个事件就必须用客观的方法来证明，这样一个理论不能被冠以客观的真理或事实。例如，我们在电脑的模拟下操作，一个理论——注意缺陷障碍的儿童的真实反映——随机或对立事件可能发生的原因是儿童对细节不能集中注意力。模拟的基本结构要求儿童服从某些规则如重力等。这种理论可以说为我们提供了解释已经发生和将要发生的所有事，但是它没有被任何提到过的准则证明，可以说它是不正确的或者不是完全正确的，因此不能与虚构相区分②。

把一个问题的阐述作为一个对照（相对于假设而言），这样是否公平？有人可能会说一个问题像假设一样存在，这两种实体的不同的表现可以作为可能性的对照，假设作为一个过滤器来筛选什么是可以接受或是阳性的数据。如果将假设作为一个筛选工具而不是问题，那么问题的功能将会相当于其他类型的对照：它帮助科学家了解实验系统的运作。

假设作为一种方法避免诱导性的推理和避免确认问题的困难，或者主张用过去发生的事件来推理预测将来发生的事情的主要目的是什么？假设的优点是没有简单地与实验科学的方法相一致。每一个经验主义科学家所做的都是获取实验数据，运用这些实验数据去理解事物的运行进而了解事物的运行方式，这就是诱导性的推理。如果一个人没有同样的可依赖的方法，那么对于这件事就没有可行的模型。科学和技术进展的历史是通过实验者积累知识构建起来的。自从波普尔拒绝了实验程序可以产生一个模型进而预测未来一些事物的规律，实验科学家使用批判理性主义者的框架就具有讽刺意味。主要的原因是假设一向被使用，却很少有人以实践批判理性主义为目的：科学家没有寻找方法去否认假设，事实上他们寻找方法去验证模型。经过一段时间的实践，我们想要使用批判理性主义者的人在实验结束获得实验数据后才建立一个假设。我们可以简单地采取这种措施来满足这种已察觉到的需求，首先要求假设到位，其次要认识到一个事实，这个事实就是忽略表示过程所需要的机制，在得到数据之前就建立这个系统几乎就是在确保假设是错误的。我们可以说如果这个印象是正确的，那么实验科学家就处于劣势，为了建立一个清楚有效的实验框架，科学家不应该在科学过程中使用“游戏

① 同样，没有理由认为科学家不会通过回答非常困难的问题后获得名望。事实上，这非常普遍。

② 卡尔·波普尔，见第1章。

系统”建立最基础的步骤。

实验验证的实际需要是模型的真实或者证明了一个客观事实，对于问题结构是一个未来的证据，因为假设是事实的组成，同时科学家尝试在没有数据的前提下证明假设是正确的。另外，就像许多哲学家一样，波普尔通过假设的阐述来累积知识的方式简单地避免了感应现象，并且通过假设的检测使得假设更加可信。

事先建立评估的准则

另外一种解释数据的对照是建立评估的准则。例如，如果问题是“咖啡因是否可以导致血压的增加”，科学家需要首先确定什么是血压的增加。是否血压由110/70变化到110/71可以看作血压的增加？当一个人的理论被反驳，如果这个问题在实验前被确定，那么在得到数据时就不需要检测评估。另一个例子是前面所提到的有关炎症的研究，炎症的组成有许多评估标准，因此在实验前后必须定义一个标准。一个测量标准同样也需要被建立来避免炎症被重新定义而与实验数据相符。

事先调整的标准的建立可以看作是实验者对照，同样问题的使用也可以作为一个对照；如果可以改变标准来适应实验数据，那么就需要一个已经存在的标准[①]。

盲　分　析

第15章提到过的条件对照要求在实验设计中避免其他条件的影响。在双盲分析实验中，科学家需要忽略条件的因素来避免科学家自己的误差。例如，我们可以试想科学家想要了解“药物J对细胞大小的影响”。为了回答这个问题，科学家使用组织培养的细胞进行实验。其中一盘细胞用溶解药物J的缓冲液作为“非X”阴性对照，其余的细胞用不同浓度的药物处理。助手给每一盘细胞编号，这样科学家就不知道哪一盘是经过药物处理，哪一盘是阴性对照。在实验结束时，科学家分析细胞的大小并且确定每一盘细胞大小的范围。科学家因此判断哪一盘进行了特殊的处理是否与对照的细胞大小存在偏离。在数据记录后，助手将细胞的编号公布，科学家就可以发现是否药物J可以增加细胞的大小。

---

① 见Nozick 2001年出版的书中参考书目的第一个脚注。最后这一点是在Nozick认为波普尔是“不一致的”那一段提出的。

不同的程序

正像使用第二种试剂或者检测系统可以更好地确定是否真的有效（与人为的特殊系统的作用相对），同时第二或第三个科学家评估的实验结果也可以更好地确定实验结果的正确性。第二或第三个科学家也可以帮助建立一个主体间性的系统，这样可以寻找一个客观的观察者。

在学术界，科学家经常指导一个学生或是博士后负责一个实验课题。这样一个学生需掌握研究的每个过程同时学习实验的每一个步骤。另外，博士生希望得到自己的博士学位，他们所做的实验是自己论文的基础。两个学生在一起工作时，一个学生做得将会比另外一个学生多，因此会有松懈的情况。

尽管这样有有利的方面，但是单独的一个人负责实验设计的全部过程并且评估实验也有潜在的危险。虽然很小心地去避免自己的误差，但是实验者自己作为实验设计的一部分，在实验之后还是需要其他实验者当作主体间性的对照。

读者也许会反驳就算是两个人进行实验仍然可能是错误的，可能存在相同的误差，但是这种误差的概率比一个人进行实验的误差小，除非这个误差是普遍存在的。

因此，实验就要求多人进行操作，最好这些人建立一个实验小组。如果不同的人想到同一个实验的不同的方面，每一个人就都可以用不同的方法验证实验的结果，问题就可以得到解决。

负责人必须加入到实验过程中。尽管每个实验室人员和负责人做实验的目的都是发表论文，负责人还有一个重要的目的就是维持实验运转的可信度。任何事故，如实验数据作假都会威胁到负责人的形象。事故会使得负责人一步步地检查实验，就像独立的观察者以客观的态度获得数据。当然，也有负责人慢慢地灌输一种对误差的解释，那么实验室的其他成员就很难作为一个对照。最好的方法是客观事实在不同的实验室被证实。这将在后面章节中讨论，现在我们需要指出的是如果科学家意识到他们的数据会被继续验证，那么就会被激发建立不同的模型仔细地审查，避免特殊误差的产生。

客观的评估——电脑

为了得到对数据的独立的、客观的评估，我们可以建立没有人参与的评估系统进行分析。除非一个人想要专门的误导，计算机可以精确地区分出每一组的不同，这种类型的分析至少可以用来避免细微的或是漫不经心的偏差，例如从一组数据中选出自己想得到的数据。

当然，一些误差的出现是正常的，只要这些误差在每一组中出现的概率相同。例如，一种抗癌药物治愈的某些个体，这样从效果中过滤数据是可以的。因此，我们都可以看到是否一组人对于治疗是有效的，并且可以与其他组进行比较看是否在对照中有相同的效果。在这种分析中，这里有对效果的偏差，但是这种偏差是可以接受的，因为对于每一组来说这样的偏差是同样存在的。

外界的重复作为独立和主体间的最后仲裁

在精神病学中，有一种叫做“共同妄想”的现象，它是两个人共同分享着精神或者信仰，但是却不能被其他人证实。这种不正常的情况可能由于两个人信仰的结构不能与其他人分享，说明了在验证实验的进程中，需要脱离最初提出模型的科学家的实验者来进行独立验证。一个人不能因为其他人说一件事是客观的事实就简单地同意，同样地，一个人也不能因为其他人没有证明一件事是客观地事实就简单地否认。但是，如果一件事是客观的事实，他就必须被不同的人客观地确定这个发现。实际中，实验时存在来来回回的证明，一些模型证明是对的，相反一些被否定，不同的实验室进行自己的实验寻找支持他们系统的模型。

偶尔，研究者会遇到一个事实“当你松手时物体就会掉落”，这个事实可以轻易被每个人证明[①]。在另一些例子中，研究者会遇到一个模型“阿司匹林可以缓解疼痛”，在确定的实验中，限制因素会被加入这个模型，一些人会发现阿司匹林不能缓解疼痛，而另一些人发现阿司匹林带来的弊多于利。最后，人们会建立一个阿司匹林功能的模型来准确地预测阿司匹林的功能。实验者对照的使用可以帮助实验准确地进展。

① 例外是落叶在大风天气不落地以及为什么这样。

18　有关生物教条主义的描述

数学家和哲学家希望他们的事件或对或错，黑白分明。某个事件要么是一个“客观真理”，要么不是。某个假说要么是伪造的，要么不是。某个定理要么是被证实了的，要么不是。然而，生物学上的事情比较复杂，因为一个人正在处理的体系有数以千计的变量。因此，把事情简单地说成一个不可改变的事实并希望这种规定每时每刻都成立是非常困难的。例如，谁能够每天吃汉堡而胆固醇水平却无明显增加，实际上确实有这样的人。有的人连续50年间每天吸两包香烟却不得肺癌，这样的人并不难发现。而有些人每天合理饮食坚持锻炼，却在35岁时死于心脏病。这些现象的存在是统计学发展的部分原因，统计学提供一个方法，以确定两个研究小组之间是否有“实有”的区别，无论这种区别是什么。通过反复试验证实，即使外显率的作用是不完全的，二者之间仍然存在一定程度的区别。

相对于要么拒绝、要么接受的“两元模式”的强硬假说，生物系统的复杂性成为更加重视展性模型的又一原因。如果一个模型仅仅需要陈述数据集，人们绝不会出错。随着新数据的出现，科学家通过迭代编辑的过程，改变模型，确立限定和例外。当然，每遇到伪造的假说，从头做起会使进度减慢。假如排斥批判理性主义中的归纳推理，即使不歪曲事实，人们也不会有额外的动力来进一步假设。

想象这样的一个背景，一种特殊的化学物质能够延长大多数人的寿命。然而，某些有特殊遗传标记的人使用同样的化学物质却立即死亡。这些事实综合起来反映了一个现实，即这种化学物质能够延长寿命，除非一个人是特殊的基因亚型。否则，它将引起迅速死亡。这种模式可能有更多的制约和警示。例如，如果一剂药中含有能结合这种化学物质并防止它的毒害作用的话，那些具有特殊遗传标记的人服用这剂药后就会安全了。通过为每个生物学发现加上特定的背景，人们可以更深入地研究。鉴定了这个生物体系之后，如果科学家试图阐明这种化学物质是做什么的，建立各种潜在的因果关系，而不是简单地描述在不同的情况下它如何起作用，这项工作将难以完成，而且效果可疑。

实验生物学积累了很多经验，随之而来的是如何逐渐理解非常复杂的体系，即先把它们还原为简单的组分，然后再让它们恢复到正常的条件下。科学家可能会发现不同的条件下有不同的发现，因此，这些背景会被整合到模型中。能够得到证实的是，当人们建立了一个可验证模型来显著地说明系统将来要如何运作，人们对于系统如何运作的理解就加深了。还有一个隐忧是非常重要的：科学家很少会成功地百分之百真实性地预测系统，如果要求这样的标准，生物界将几乎没有进步，因为目前是不可能跟踪所有相关变量的。

指定因果关系，并估计充要条件的需求

鉴于确立一个对生物系统的准确描述存在种种挑战，任何描述机械因果关系的进展都是令人非常惊讶的，比如有人说在生物学条件下A会引起B的发生。然而，在生物系统中确立因果联系是可能的，尤其是在A对于B是必要的和(或)足以引起B的情况下。在这种情况下，缺少A时会抑制B的出现或者没有效果，然而，一旦加入A就会引起B。这种实证结果使人们认为A引起B是一个“客观事实”，随着它被调查核实后，人们可能就会同意这是一个“客观事实”。

然而应当注意到，在生物系统中还存在这样的情况，即有人说明A引起B，然而发现A对于B的发生既不是必要条件也不是充分条件。例如，科学家可能加入A，引起了B，然而也发现存在“有B没有A”的情况。另外，可能存在这样的情形，A引起B的成立需要条件C。例如，考虑一下，吃脂肪高的食物（A）使心脏病发病率增加（B）。然而，这只在一种情形下成立，即这个个体胆固醇水平较高（C）。应当看到，某个个体即使不吃高脂肪食物也可能得心脏病。因此，吃高脂肪食物对于引起心脏病没有构成充分必要条件。然而，在高胆固醇的情况下，消耗高脂肪食物确实能够引起心脏病。因此，这种因果联系可能仅在一种特定的情况下产生，鉴于该生物系统的复杂性，制定因果联系所需要的“必要性”和“充分性”可能是一种过分单纯的要求。

生物冗杂成为人们不同意将建立充分必要条件作为绝对要求的另一个原因。生物学中常常存在这样的情况，某种特定的效应的发生不仅仅是一种蛋白质的作用。例如，设想一下，蛋白质A和蛋白质B两种蛋白质都能组成核膜。因此，分别缺失蛋白质A或蛋白质B，仍会保持核膜完整性。因此人们可以说蛋白质A和蛋白质B都不是维持核膜所必需的。然而，如果蛋白质A和蛋白质B同时缺失的话，核膜的完整性就被破坏了。而且，将蛋白质A和蛋白质B加入到破损的核膜中能够重建体系。在这样的复杂系统下，人们可以说，蛋白质A和蛋白质B都不必要和不足以维持核膜，但是如果在缺少伴侣蛋白的情况下，这个结构需要蛋白质A和蛋白质B，且是必要及必需的。一方面，这种复杂性可能对确定因果联系（如必要性和充分性）的要求方面提出了问题；另一方面，人们认为，除非伴侣蛋白从体系中清除，每种蛋白质之间的因果联系都不能确定。因此，坚持必要性和必要性还是很有根据的，至少在一些情况下是这样。

让我们看看这位在一个特殊办公室里研究动力学的科学家。一位叫做Jebediah 的职员每天早上 7 点准时来到办公室，并打开灯，不管春夏秋冬从未间断。在他来之前办公室是黑的，他来了以后，办公室的灯依次全亮了，时间慢慢过去，办公室其他成员到了，每人行事风格不同。例如，每天早上 7 点 20 分，Betty Sue 几乎总是穿门而人，奔向小厨房，开始泡这一天的第一壶咖啡。尽管办公室有很多工作要不同的人做，比如复印文件、使用传真机或者接受邮件，但每个人都做一些特定的工作，办公室似乎总是活跃在差不多同一套日常事务当中。在观察了一段时间后，科学家确定了一个模型“Jebediah 每天在 7 点开灯”。然后科学家开始质问这个模型是否能体现以后的情形，在每次核实后，发现确实是这样的。科学家决定做这样的一个实验：给 Jebediah 发封电子邮件，告诉他如果在第二天早上 7 点他能穿过市中心的话，他将得到 100 元。为了证明不是坏人，科学家将 100 元放进一个信封，放在电子邮件中提到的地方。然后科学家坐在银行的闭路电视前，看看第二天会发生什么。第二天的 7 点到了，办公室的灯果然没有亮。办公室仍然是黑着的。这种情形继续到 7 点 20 分 Betty Sue 的到来。她打开门，犹豫了一会儿，看到所有的灯都是关着的。过了 2 分钟，可能更短，Betty Sue 走进门，转向右边，打开了灯。与 Jebediah 的顺序不同，她继续打开了公寓的其他灯。观察着这一幕，科学家犹豫不决：模型认为“Jebediah 开灯”，但是 Jebediah 不在时，发现 Betty Sue 可以补足 Jebediah 的活动。尽管在 7 点～7 点 20 分之间可能仍然需要 Jebediah 来开灯，但是对于灯的开启他并不是必需的。当人们发现 Betty Sue 也能开灯后，对于“Jebediah 开灯”的说法是不是做了一些改动呢？

需要考虑到一些事情：Jebediah 并不是唯一能做那些事情的人，这种情形能不能改变这样的事实，即“正常”和“通常”情况下实际上他是唯一做那些事情的人？在发现“事情怎么进展”时，认为由于事情在扰乱状态下会表现得不同于正常状态下的情况，从而使正常状态下发现的事实变得无效，这样的说法公平吗？

这个例子说明，如果没有其他介质可以补足事情的话，扰乱的状态将会展现事物“正常的功能”。换句话说，如果在办公室仅仅有一个人能做某件特殊的工作，一旦把他开除，事情就会凸显出他的特殊。然而，如果很多人都能做这项工作，而仅仅一个人被指派来做的话，一旦把他开除，人们不会轻易地意识到他能做这项工作。

在最后，科学家可能只是注意到当人们要求只一件事情就应该引起另外的事情发生时，这种对“绝对”联系的要求可能是天真幼稚的，尤其是在生物体系这样复杂的情况下。人们应该改为关心事情实际上是怎样进展的，即使 A 不足以引起 B 或者对 B 发生作用绝对需要，也要估计一下 A 对 B 有助的程度。

需要充分性和必要性的情况

经常会有这样的情况，某种东西可能有助于研究一项特定的课题，比如一种蛋白质对于表型的作用，但是这种蛋白质对引起表型既不是充分的也不是必要的。然而，应当指出，确实也有需要查明在什么情况下这些基因产物对于那些特定的功能是绝对需要的。例如，在没有针对性的方法治疗癌症时，如果有多种其他方法可以补偿，人们是不会感到满足于那些阻断肿瘤生长的所谓“通常”方法的。应当指出，实际上人们可以发现某些个别的基因是绝对需要的，甚至在一些关键的生物学过程中也是如此。这些可以通过去掉上述任一基因来说明，在它缺少后发现，小鼠的受精卵细胞不会继续发育成一只小鼠。举例来说，一个基因对某一过程的发生是绝对必要和足够的，这种发现不应被认为成无关紧要或不重要的。只是人们应该意识到，这种要求可能使人忽略这样的情况，其中一套基因，而不是一个单一基因，对这一过程是必要的且足以引起这一过程 ，而任何一个孤立的基因则是可有可无的。

重新考虑治愈癌症的目标。在很多肿瘤细胞中单一的化疗药物对治疗疾病是无效的，而多种药物结合起来可能有助于疾病的治疗，这些已经得到证实了。这表明，只有扰乱多个对象才能减缓肿瘤生长，如果仅治疗一个对象，肿瘤会利用其他机制来扩散。扰乱多个对象才能获得比较理想治疗效果的另一个例子是抗 HIV 的治疗。在临床治疗上，早期使用单一药物 AZT 作用甚微，只有“三重疗法”，即使用三种药物才能够明显抵抗 HIV 的活性。这些例子都表明要想对体系有个清楚的认识，人们必须接受生物体系的复杂性。生物体包含了太多的变量，当独立研究时，每种变量只能代表一个方面。

不同类型的生物问题

为了获得“预想的效果”，人们想要对生物系统做些什么的例子，表明生物学问题可以超越“事情通常怎样进行”这样简单的研究。例如，一种药物可以通过刺激某种受体或者生物系统使体重减轻，而这种受体或系统对调节人体的正常的食物摄取可能不会有明显的作用。这一结果表明某些具体问题可以与研究“正常”过程相脱离，人们可以只是想知道“如果将 A 加到 B 会发生什么”。

教条主义不受限于任何特定类型的研究；相反，它是一个研究过程，科学家通过验证结果的模式来确定某种东西为“客观事实”或者至少是事物工作的模型。

像大卫·休谟那样列举不同类型的哲学联系，科学家可以对人们可能要问的一些问题列一个目录[①]。休谟提出了他认为知识和必然性课题的四种联系“类同、矛盾、学位质量和数量或数目的比例”。有趣的是，他没提到“原因”，也许是认识到将因果关系建立到“确定性”的层次上有些困难。然而，我们必须将“因果联系”加到生物学家会遇到的问题里去，因为它的含义是要了解某个被认识到的效果的“机制”。当问到某种东西是否影响到其他东西的时候，我们可以将“条件关系”加到这个列表里（例如，在确定 *Y* 基因活性的时候，*X* 基因是否能补足 *Y* 基因的作用或者表现出显性作用），尽管这个可能会属于“时间和地点的关系”条件下——这被休谟列为哲学关系的另外一种类型。读者可能想知道“因果联系”与“条件关系”的不同之处。“因果联系”是一种特殊的关系，此时 A 破坏了环境会引起 B 或者 A 以一种方式直接作用于 B，比如喝酒会引起判断错误。“条件关系”则是指在一个特定的特定的环境下会发生什么，比如 Jimmy 和朋友一起去酒吧比和妻子一起去的时候喝酒喝得多。

当需要解决一个特殊的问题时，有人可能还会加上一个新的术语，叫做“偿付能力”，就是需要努力去看哪种方法可以实现它。可能会发现一种特定的物质或方法可以解决这件事情，尽管这种物质不属于列出的任何其他关系。

解决问题与理解问题的起因

考虑一下一位正在想办法治疗疾病的科学家。人们可能会感兴趣的是，在那种情况下，努力地去寻找疾病的形成机制是否就是治疗疾病的唯一的方法或者最好的方法呢？打个比方，想象一下一个人正要穿过繁华的马路，汽车在飞驰穿过，当他穿过的时候，看到一辆跑车以 150km/h 的速度向他冲来。为了能安全地穿过马路，这个人是应该停下来算一下为什么汽车会以这样的速度冲向他，还是应该立刻离开马路呢？这个寓言也许可以帮助强调要记住正在问的是什么问题。如果科学家要的是理解事情怎么进行的，就可以问这个问题，但是，如果目标是想知道事情在什么样的情况下会进行，或者怎样将事情在一个特定的环境中停止，怎样避免一个特殊事件的后果，怎样阻止或克服一件事情的发生，那么应该认识到这些问题都需要问不同的问题，而不是简单因果关系的问题，他们需要以不同的方式解决。因为在科学文化中理解因果关系的目标是如此的根深蒂固，人们往往发现科学家们忽略了自己的实验框架，而是寻找他们系统中特定部分的机制，而这些都不能反映他们的整体问题。

读者可能会反对的是，理解癌细胞如何工作是阻止它扩散的关键。但是有人

---

① 《人性的论述》，David Hume，Barnes & Noble 纽约（2005）。最初发表于 1739 年。ISBN 0-7607-7172。第 57 页；“知识与概率”。

可能会说，对于那些对治疗实体肿瘤有最好技术的外科医生来讲，其方法只需要确定肿瘤的边界有什么组分，就可以移除它了。这种讨论并不是对仍然一无所知的机制的一个借口，重点是为了保证通过一个明确的问题来制定实验计划，这样才可以建立正确的实验方法。

接受非普遍性事实

也许对教条主义最强烈的反对是积累的任何一套实验观察都是有限的，无法涵盖多层面问题。因此对于有人能完全地回答问题或者全面地说明体系如何运作的说法并不理性。还有的在未来体系将以同样的方式运作的说法也是不可能的。如果没有办法衡量某一方面的题目，这方面便不能加以评估。以前这种问题体现之一是把经验主义比作盲人摸象。由于每人接触到大象的组成部分有限，他们每人对大象都有不同的“图画”。结果是对这个题目没人能给出一个准确的模型。

也许我们应该更进一步地考虑大象的比喻。如果真的是很大的一个题目，就会发现不同的实验将是不可重复的，因为每次做课题时看到的都是不同的部分，这些不会代表其他的部分。因此可能提醒科学家正在处理的问题不是全部的问题。或者，假如试验设计得很严格，一遍一遍地重复每一部分，其中可能会由此得到一个对那部分的准确描述，并对那部分如何运作有一个正确认识。举例来说，只要模型限制得当，将一项研究限制到“一个大象的躯干”并无不妥。持反对态度的人认为不会得到“全面”的描述，他们认为全面性是必要的，但是通过分析子问题，人们也可以取得进步。看到所有的事物并不是必要的，重要的是把看到的做一个精确的描述就可以了。

如前所述，认为未来的情况可能有所不同是对教条主义和“理性主义”最糟糕的批评。但是，这个问题通过建立模型的预测能力解决了。因此，在回答那些认为教条主义是错误的人时，人们不需要用一些天马行空的哲学答复。人们只需要告诉他释放一个球，并事先说好球会掉在地上。当反对者这样做了，并发现球确实落到了地上，但是仍然反对说这不能进一步证明教条主义或归纳推理是正确的，回答是：“再次扔球，它将会掉在地上。”有时，重复的答案可能使评论家头痛。这时人们可以说：“吃一片阿斯匹林，它将会减轻头痛。”当评论家这样做了，并发现阿斯匹林确实能减轻头痛，就可以质疑对教条主义和归纳推理的批评了。

因此我们看到对经验式研究的辩护，进而实验生物学可以产生系统工作方式的模型，同时通过运用该模型的能力来显示未来系统将如何工作，为了评估这种能力的价值，可以快速浏览一下，看看一旦了解了事情是如何工作的以及他们将如何继续工作后出现了什么。通过这种审查进一步确信经验主义精神。

19 简短概述

读完本书后，科研人员仍需回到实验室进行他们的课题。那么我们可以将本书简化成一张可以快速阅读的清单，或者是一些建议，这样每次科研人员进行实验之前都可以借助于这个单子设计实验吗？让我们来看一下，需要提醒大家的是如果没把这本书的其他内容弄清楚，这一部分是毫无意义的，我们可以从不同的内容引申出概念。它不像其他的列表一样仅仅是一个简单的一览表，我相信它将会对了解本书有很大的帮助。

下面列出来的内容是设计实验方案以及接下来做实验时需要考虑的内容：

1. 主体框架。你想回答的问题是什么？

2. 归纳阶段。弄清楚哪些先前的知识与你的问题有关。阅读相关文献。

3. 系统。你要使用什么样的工具来回答你的问题。

4. 系统对照。你如何确定你的系统是有效的。你的系统可以提供你所需要的类型的数据吗？你所选择的系统适用于你的问题吗，是不是换一个系统会更好？

5. 实验。为了回答问题你将做些什么？必须确定你采用的方法是经过多次验证的，并且要以典型的方式检验结果。要多次并且在不同实验条件下验证实验结果。对于任何实验试剂都要做一个剂量依赖实验。试着为这个题目找一个与问题相关的典型例子。请教数据专家，讨论适合你的数据的分析方式以及需要多少数据。

6. 在实验之前为实验结果建立标准。

7. 阴性对照。需要什么样的阴性对照？有没有 X 做对照，使涉及 X 的对照组结果与实验组结果是相反的。

8. 系统阳性对照。你如何知道你的系统是有效运行的。需要用什么样的阳性对照来证明你想检测的东西在整个实验中是可以检测的。

9. 有效阳性对照。你如何知道你的系统会不会产生你想要的结果？要产生这样的结果需要怎样的阳性对照？

10. 假定对照。如果 X 被检测到了，那么当 X 产生时会检测到其他现象吗？如果你认为 X 的存在会导致 Y 的出现，那么 Y 出现时会检测到其他现象的出现吗？

11. 进行实验。

12. 实验性对照。

13. 重复。用同样的标准和方法重复实验。

14. 建立模型。问题的答案是什么?

15. 检验模型。答案是与问题相对应的吗?

16. 预测。模型能预测再次发生的现象吗?重复实验。

17. 扩展。模型在不同的条件下都能成立吗?

18. 改变系统。用其他方法解决同样的问题。

19. 更换研究人员。看看其他人能不能重复这个结果。

20. 提呈数据。其他人对结果有何看法?其他人认为结果解释了什么?

21. 预测将来的结果。考虑这个模型能否应用于不同情况下会产生的结果。

22. 修改模型。主要针对模型不能预测的情况进行修改。当你的发现限制在一定范围内时,要把你的模型使用范围限制在其中。

23. 如果这个系统实际上是归纳性的,要认识到这一点并将模型应用于非归纳性的或归纳性不强的例子中。

24. 一个有限的但是可以检验的模型要胜过宽泛但不可预测的模型。

25. 如果一种想法不能用实验来验证,那么它与你的方案是无关的。

读者现在应该为设计实验做好了比之前更充分的准备。这个列表显得有些吓人,或者对于单个的实验来说显得需要考虑的太多,但做完第一个实验之后,你就会对本书的重要性确信无疑了。检查初期的数据时,我们经常会发现少了某种特别重要的对照,这种对照可以解释得出的数据或者证明系统不像预期的那么有效。如此看来,刚刚开始做实验的人发生错误就不奇怪了。通常,几乎所有的实验人员刚开始做实验时都不能把实验设计的各个方面都考虑周全;这种不足是可以接受的,但前提是科研人员能够认识到这一点,重新设计实验并且随着知识的积累使系统重新生效。一旦有了进展,就可以知道在哪一点上可以建立新模型,在实验数据收集前哪些是不存在的。对实验进行适当的重复,就可以确认实验结果了。

当你建立了你的第一个模型并且发现它能够预测结果,你就可以成功地进入后面的研究阶段,用积累的经验来继续发现。这是一个所有实验人员都可以尝试加入的俱乐部,但成员仅限于愿意给出数据和结论的人。祝你实验顺利。

索　引